は じ め に

「算数は、計算はできるけれど、文章題は苦手……」
「『ぶんしょうだい』と聞くと、『むずかしい』」
と、そんな声を聞くことがあります。

JN112318

たしかに、文章題を解くときには、
・文章をていねいに読む
・必要な数、求める数が何か理解する
・式を作り、解く
・解答にあわせて数詞を入れて答えをかく
と、解いていきます。

しかし、文章題は「基本の型」が分かれば、決して難しいものではありません。しかも、文章題の「基本の型」はシンプルでやさしいものです。

基本の型が分かると、同じようにして解くことができるので、自分の力で解ける。つまり、文章題がらくらく解けるようになります。

本書は、基本の型を知り文章題が楽々解ける構成にしました。
●最初に、文章題の「☆基本の型」が分かる
●2ページ完成。☆が分かれば、他の問題も自分で解ける
●なぞり文字で、つまずきやすいポイントをサポート

お子様が、無理なく取り組め、学力がつく。
そんなドリルを目指しました。

本書がお子様の学力育成の一助になれば幸いです。

陰山英男・三木俊一

文章題に取り組むときは

① 問題文を何回も読んで覚えること
② 立式に必要な数を見分けること
③ 何をたずねているかが分かること

②は、必要な数を○で囲む。
③は、たずねている文の下に――を引くとよいでしょう。

（例）P.29の問題

牛（うし）が ㊼頭（とう） います。馬（うま）が (95)頭 います。
数の ちがいは 何頭ですか。

（例）P.61の問題

ななほしてんとうには、⑦つの ほし（黒丸（くろまる））があります。
⑥ぴき分の ほしの 数は 何（なん）こに なりますか。

※ テープ図は２色でぬり分けると、よく分かります。

もくじ

..........月.....日

☆　自どう車の　カードが 24 まい
あります。電車の　カードが 21 ま
い　あります。カードは、合わせ
て　何まい　ありますか。

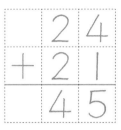

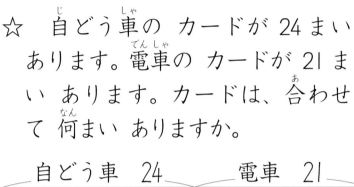

これは
テープ図
といいます。

しき

$$24 + 21 = 45$$

答え　45まい

1　黄色の　画用紙が 26 まい　あります。
青色の　画用紙が 42 まい　あります。
画用紙は、合わせて　何まい　ありますか。

26
+ 42

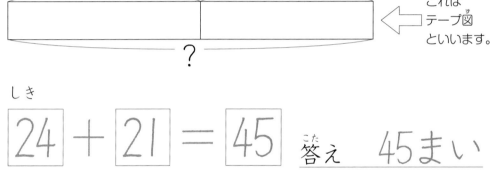

しき

$$26 + 42 = \boxed{}$$

答え　　まい

2　にわとりが 35 わ います。ひよこ
が 24 わ います。とりは、ぜんぶで 何
わ いますか。

にわとり 35　　ひよこ 24

?

しき 35 ＋ □ ＝ □

答え ＿＿＿＿ わ

3　絵本が 24 さつ あります。お話の
本が 54 さつ あります。本は、ぜんぶ
で 何さつ ありますか。

24　　　　54

?

しき □ ＋ □ ＝ □

答え ＿＿＿＿ さつ

たし算 ②　名前

☆　白い あさがおが 26こ さきま
した。青い あさがおが 45こ さ
きました。あさがおは、ぜんぶ
で 何_{なん}こ さきましたか。

$$\begin{array}{r} 2\,6 \\ +\ 4\,5 \\ \hline 7\,1 \end{array}$$

```
    26              45
┌──────────┬──────────────────┐
│          │                  │
└──────────┴──────────────────┘
           ?
```

一のくらいに
ちゅういしよう

しき
$$\boxed{26} + \boxed{45} = \boxed{71}$$

答え_{こた}　　71こ

1　ぼくは くりを 37こ ひろいました。
弟_{おとうと}は 28こ ひろいました。2人_{ふたり}の く
りを 合_あわせると、何こに なりますか。

$$\begin{array}{r} 3\,7 \\ +\ 2\,8 \\ \hline \end{array}$$

```
    37              28
┌──────────┬──────────────────┐
│          │                  │
└──────────┴──────────────────┘
           ?
```

しき
$$\boxed{37} + \boxed{28} = \boxed{}$$

答え　　　　こ

2 わたしは 色紙（いろがみ）を 55まい もって います。妹（いもうと）は 27まい もって います。2人の 色紙を 合わせると、何まい に なりますか。

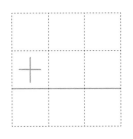

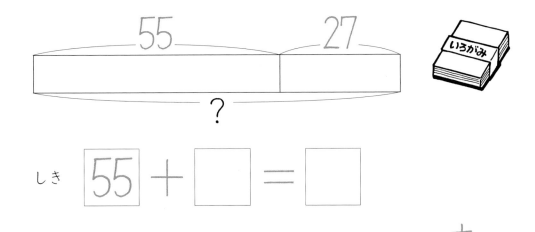

しき 55 ＋ □ ＝ □

答え _____ まい

3 かめが 池（いけ）の中に 36ぴき います。池の中の 岩（いわ）の上に 56ぴき います。かめは、ぜんぶで 何びき いますか。

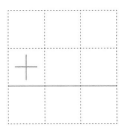

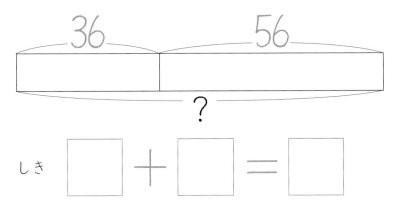

しき □ ＋ □ ＝ □

答え _____ ひき

たし算 ③

名前

☆　きのう、黄色の 花が 55本 さきました。きょう、70本 さきました。花は、合わせて 何本 さいていますか。

	5	5
+	7	0
1	2	5

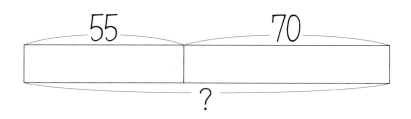

しき

$$55 + 70 = 125$$

答え　125本

1　きのう、トマトの なえを 90本 うえました。きょう、18本 うえました。トマトの なえを、合わせて 何本 うえましたか。

	9	0
+	1	8

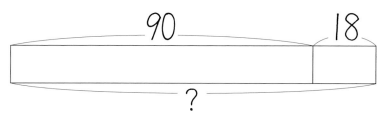

しき

$$90 + 18 = \boxed{}$$

答え　　　　本

② 麦茶が コップに 70 mL 入っています。
そこへ、もう 80 mL 入れます。麦茶
は、合わせて 何mLに なりますか。

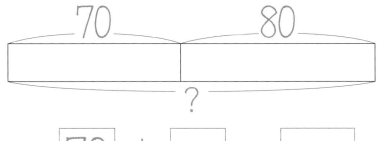

しき 70 + □ = □

答え _____ mL

③ はこに リボンを むすぶので、リボ
ンを 65 cm つかいました。また はこ
の かざりに、40 cm つかいました。リ
ボンは 合わせて何cm つかいましたか。

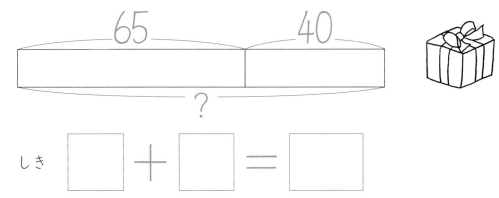

しき □ + □ = □

答え _____ cm

お話のもんだいは、声をだして3回よみましょう。
数が頭にはいったら、しきをかきます。

名前

.................月......日

☆　男の子 53人と、女の子 59人
が、プールで およいで います。
およいでいる 子どもは、みんな
で 何人ですか。

```
   5 3
 + 5 9
 1 1 2
```

53　　　　　　59

?

しき

$$\boxed{53} + \boxed{59} = \boxed{112}$$　　答え　112人

① 1年生 47人と、2年生 67人が 広
場に あつまって います。あつまって
いる子どもは、みんなで 何人ですか。

```
   4 7
 + 6 7
```

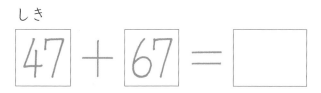

47　　　　　　67

?

しき

$$\boxed{47} + \boxed{67} = \boxed{}$$

答え　　　　人

10

② ノートは 98 円です。えんぴつは 55 円です。ノート１さつと、えんぴつ １本を 買(か)うと 何円に なりますか。

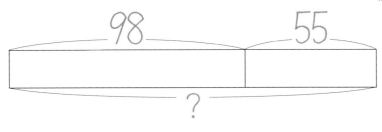

しき 98 ＋ □ ＝ □

答え ＿＿＿＿＿ 円

③ 赤いテープは 68 cmです。白いテープは 49 cmです。２つの テープを つなぐと、何cmに なりますか。

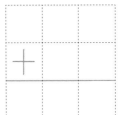

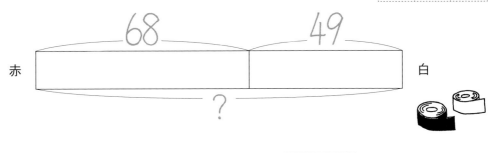

しき □ ＋ □ ＝ □

答え ＿＿＿＿＿ cm

たし算 ⑤

名前

月　　日

☆　上山さんは 走り出して、65 m のところに きました。あと 35 m 走ります。上山さんは、ぜんぶで 何m 走りますか。

```
  6 5
+ 3 5
1 0 0
```

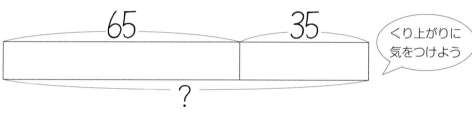

くり上がりに気をつけよう

しき

65 ＋ 35 ＝ 100　　答え　100m

1　金田さんは、2けたの たし算の 計算を しています。43だい しました。あと 57だい のこって います。計算は、ぜんぶで 何だい ありますか。

```
    4 3
 +  5 7
```

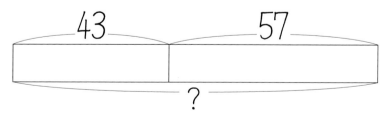

しき

43 ＋ 57 ＝ 　　　答え　　　だい

2 東さんは 歩き出して、55分たちました。あと 45分 歩きます。東さんは、ぜんぶで 何分 歩きますか。

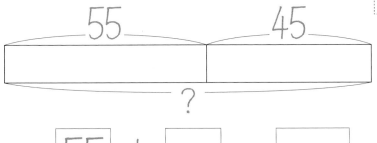

しき $55 + \boxed{} = \boxed{}$

答え　　　　　分

3 西さんは 本を 82ページまで 読みました。あと 18ページ のこっています。本は、ぜんぶで 何ページ ありますか。

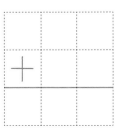

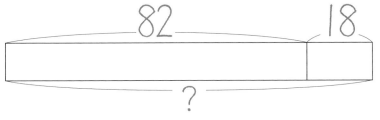

しき $82 + \boxed{} = \boxed{}$

答え　　　　　ページ

2けた＋2けた＝100 になる計算を
たくさんみつけましょう。

たし算 ⑥

名前

月　日

☆　リボンを 27 cm つかいました。まだ 48 cm のこって います。リボンは、はじめに 何cm ありましたか。

```
  2 7
+ 4 8
  7 5
```

27　　48

?

しき

$27 + 48 = 75$

答え　75cm

① ひもを 45 m 切りとりました。まだ 35 m のこって います。ひもは、はじめに 何m ありましたか。

```
  4 5
+ 3 5
```

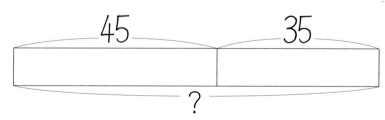

45　　35

?

しき

$45 + 35 = \boxed{}$

答え　　　　m

② あんパンが 36こ 売れました。のこりは 19こです。あんぱんは、はじめに 何こ ありましたか。

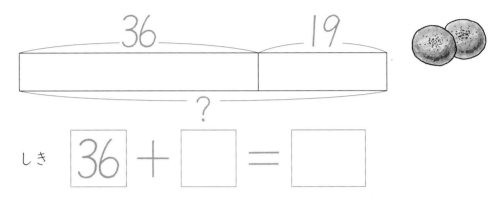

36   19

?

しき 36 + □ = □

答え _____ こ

③ 色紙を 52まい つかいました。のこりは 68まいです。色紙は、はじめに 何まい ありましたか。

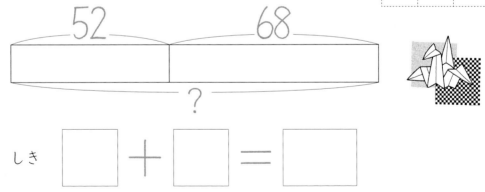

52   68

?

しき □ + □ = □

答え _____ まい

「のこり……」とかいてあってもひき算ではありません。はじめの数をきいているからたし算です。

15

たし算 ⑦

名前

☆　ノートが 62 さつ 売れました。
まだ 45 さつ あります。ノート
は、はじめに 何さつ あったので
しょうか。

	6	2
+	4	5
1	0	7

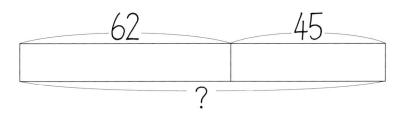

しき

$$62 + 45 = 107$$　答え 107さつ

1　ちゅう車場から 車が 24 台 出てい
きました。まだ 80 台 ちゅう車 して
います。車は、はじめに 何台 あった
のでしょうか。

	2	4
+	8	0

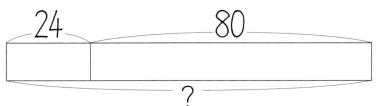

しき

$$24 + 80 = \boxed{}$$　答え　　　　台

② 池から 金魚を 45ひき すくいました。池には、まだ 85ひき います。金魚は、はじめに 何びき いたのでしょうか。

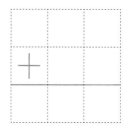

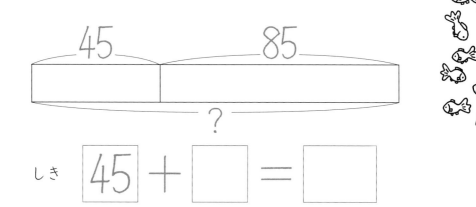

しき 45 ＋ □ ＝ □

答え ＿＿＿＿ ぴき

③ りょう理で、たまごを 74こ つかいました。まだ 28こ あります。たまごは、はじめに 何こ あったのでしょうか。

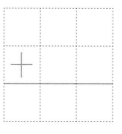

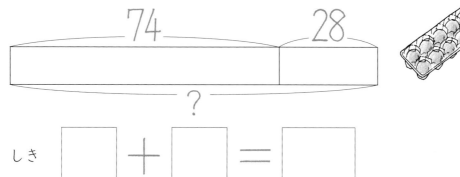

しき □ ＋ □ ＝ □

答え ＿＿＿＿ こ

☆　りんごが 36 こ あります。みか
んは、りんごより 24 こ 多いで
す。みかんは、何こ ありますか。

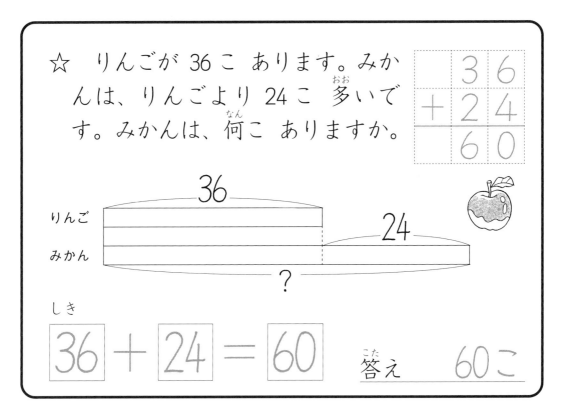

```
    3 6
+   2 4
    6 0
```

りんご
みかん

36
24
？

しき

$36 + 24 = 60$

答え　　60 こ

1　あんパンが 45こ あります。クリー
ムパンは あんパンより 27こ 多い
です。クリームパンは、何こ ありま
すか。

```
    4 5
+   2 7
```

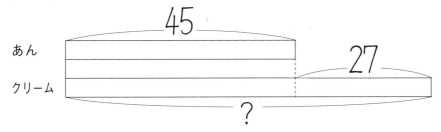

あん
クリーム

45
27
？

しき

$45 + 27 = \boxed{}$

答え　　　　こ

18

② とんぼの カードは 28まいです。
ちょうの カードは、とんぼの カード
より 48まい 多いです。ちょうの カー
ドは、何まいですか。

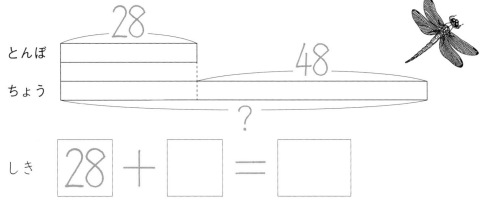

しき 28 + ☐ = ☐

答え _____ まい

③ 白い ばらは 85こです。赤い ばら
は、白い ばらより 23こ 多いです。
赤い ばらは、何こですか。

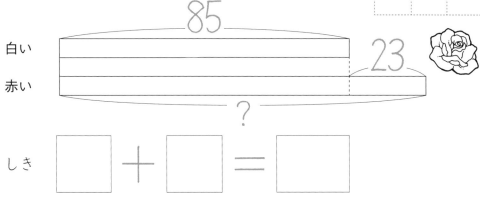

しき ☐ + ☐ = ☐

答え _____ こ

もんだいの中の数は、図のどこにかいてある
か、よく見てしきをかきましょう。

19

1　はなの たねが あります。あさがおの たねが 26 こ、ひまわりの たねが 16こ あります。
　　たねは ぜんぶで 何こ ありますか。

（しき　10点, 答え　10点）

しき

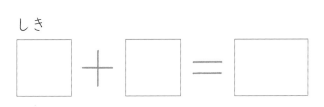

答え　　　　　こ

2　買いものを しました。
　　ジュースが 66円、チョコレートが 78円しました。
　　ぜんぶで 何円に なりますか。　　（しき　10点, 答え　10点）

しき

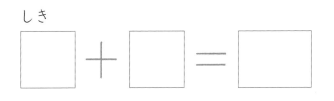

答え　　　　　円

20

3　クラスで 風船を ふくらましました。赤い 風船
が 46こ、青い 風船が 75こ ありました。
　風船は ぜんぶで 何こ ありますか。

(しき 10点, 答え 10点)

しき

□ ＋ □ ＝ □

答え　　　　　こ

4　公園に すずめが います。28わ とんで 行きまし
た。まだ すずめは 33わ います。
　すずめは はじめ なんわ いましたか。

(しき 10点、答え 10点)

しき

□ ＋ □ ＝ □

答え　　　　　わ

5　ぼくじょうに いきました。うまが 13頭 います。
ひつじは うまより 28頭 おおいです。
　ひつじは なん頭 いますか。　(しき 10点, 答え 10点)

しき

□ ＋ □ ＝ □

答え　　　　　頭

月　　日

☆　画用紙が 75 まい あります。40 人に 1 まいずつ くばると、のこりは 何まいに なりますか。

```
   7 5
 - 4 0
   3 5
```

75
40　　？

けい算に
気をつけよう

しき

| 75 | − | 40 | = | 35 |

答え　35まい

1　色紙が 99 まい あります。70 まい で つるを おると、のこりは 何まい に なりますか。

```
   9 9
 - 7 0
```

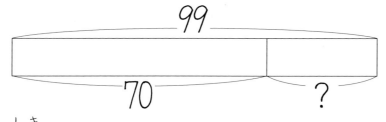

99
70　　？

しき

| 99 | − | 70 | = | |

答え　　　まい

22

② 店に パンが 95こ あります。昼まで に 65こ 売れると、のこりは 何こ に なりますか。

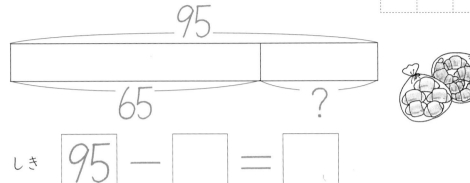

95

65   ?

しき 95 − □ = □

答え _____ こ

③ ちゅう車場に、車が 66台 止まって いました。35台 出ていくと、のこりは 何台に なりますか。

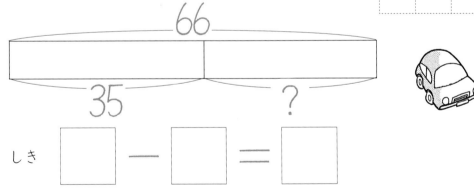

66

35   ?

しき □ − □ = □

答え _____ 台

ここにある 「お話のもんだい」 は、
「のこりはいくつ?」 のひき算です。

23

ひき算 ②

名前

☆ 長さが 80 m の ロープが あります。64 m つかうと、のこりの ロープは、何mに なりますか。

$$\begin{array}{r} 8\,0 \\ -\ 6\,4 \\ \hline 1\,6 \end{array}$$

しき

$$\boxed{80} - \boxed{64} = \boxed{16}$$

答え　16 m

1　長さが 92 cm の 黄色の リボンが あります。25 cm 切り とると、のこりの リボンは、何cmに なりますか。

$$\begin{array}{r} 9\,2 \\ -\ 2\,5 \\ \hline \end{array}$$

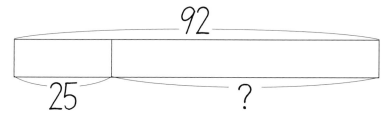

しき

$$\boxed{92} - \boxed{25} = \boxed{}$$

答え　　　cm

2 池に 金魚が 72 ひき います。28 ひきを べつの 池に うつすと、のこりの 金魚は、何びきに なりますか。

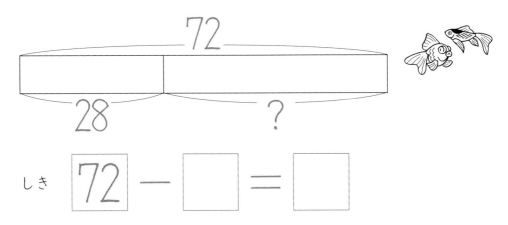

しき $\boxed{72}$ $-$ $\boxed{}$ $=$ $\boxed{}$

答え ＿＿＿＿ ひき

3 ひまわりの 切り花が 83本 あります。55ほんを 花びんに さすと、のこりの ひまわりは、何本に なりますか。

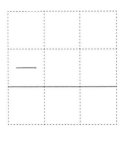

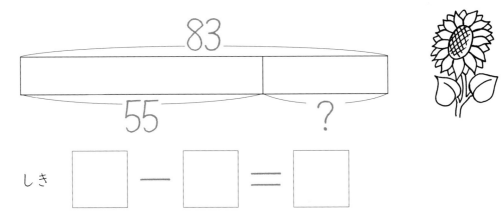

しき $\boxed{}$ $-$ $\boxed{}$ $=$ $\boxed{}$

答え ＿＿＿＿ 本

☆　クロールと ひらおよぎの れんしゅうを しています。ぜんいんで 70人です。このうち 43人は クロールです。ひらおよぎは 何人ですか。

	7	0
−	4	3
	2	7

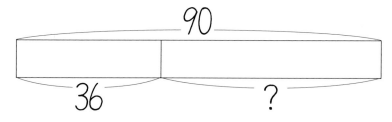

しき

$$70 - 43 = 27$$

答え　27人

1　マットうんどうの テストを しました。90人のうち 36人が ごうかくしました。ごうかくしていないのは 何人でしたか。

	9	0
−	3	6

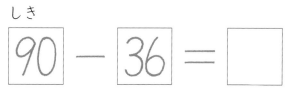

しき

$$90 - 36 = \boxed{}$$

答え＿＿＿＿＿人

2 犬と ねこと 合わせて 52 ひき います。このうち 27 ひきは 犬です。ねこは なんびきですか。

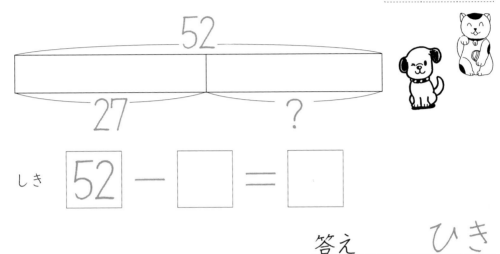

しき $52 - \boxed{} = \boxed{}$

答え _____ ひき

3 赤い 画用紙と 青い 画用紙と、合わせて 85 まい あります。赤い 画用紙は 58 まいです。青い 画用紙は 何まいですか。

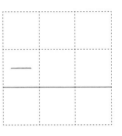

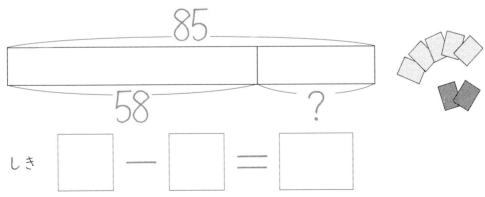

しき $\boxed{} - \boxed{} = \boxed{}$

答え _____ まい

ここの「お話のもんだい」は、「のこりはいくつ？」ではありません。犬とねこ。赤と青のようにくみになっているどちらかをみつけるひき算です。

27

名前

月　　日

☆　いちごは 80 こ あります。さく
らんぼは いちごより 25 こ 少な
いです。さくらんぼは 何こ あり
ますか。

	8	0
−	2	5
	5	5

いちご

80

さくらんぼ

25

?

しき

$$80 - 25 = 55$$

答え　　55 こ

1　わたしは くりを 50 こ ひろいました。
妹 は わたしより 28 こ 少ないです。
妹は 何こ ひろいましたか。

	5	0
−	2	8

わたし

50

妹

28

?

しき

$$50 - 28 = \boxed{}$$

答え　　　　こ

28

2 うめの 木は 71本 あります。もも
の 木は、うめの 木より 18本 少ない
です。ももの 木は 何本 ありますか。

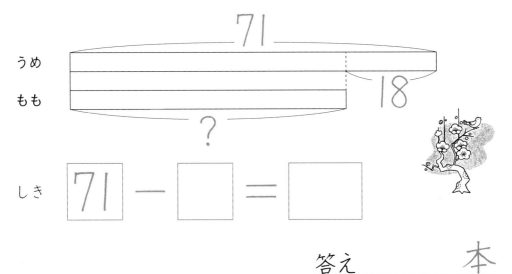

しき 71 − □ = □

答え _____ 本

3 魚の カードは 67まい あります。
鳥の カードは、魚の カードより 29
まい 少ないです。鳥の カードは 何
まい ありますか。

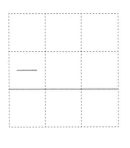

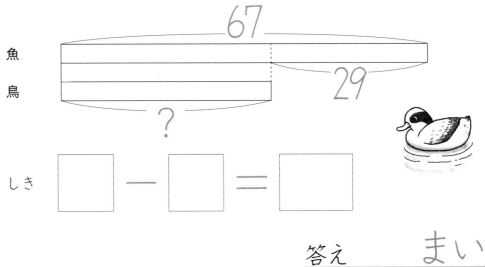

しき □ − □ = □

答え _____ まい

☆ さくらもちが 42 こ あります。
かしわもちが 25 こ あります。数
の ちがいは 何こですか。

```
    4 2
  - 2 5
    1 7
```

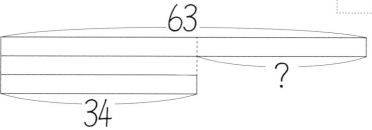

さくらもち
かしわもち

42

25

?

しき

$42 - 25 = 17$

答え 17 こ

1 白い ばらの 花が 63 こ さいていま
す。赤い ばらの 花が 34 こ さいてい
ます。数の ちがいは 何こですか。

```
    6 3
  - 3 4
```

白
赤

63

34

?

しき

$63 - 34 = \boxed{}$

答え こ

30

2　はとが 39わ います。すずめが 62
わ います。数の ちがいは 何わですか。

39

はと

すずめ

62

しき　62 － □ ＝ □

答え　　　　　　　　わ

3　牛が 47頭 います。馬が 95頭 いま
す。数の ちがいは 何頭ですか。

47

牛

馬

95

しき　□ － □ ＝ □

答え　　　　　　　頭

2つのものをくらべるひき算です。
「どれだけちがうか」をきいています。

31

ひき算 ⑥

名前

月　　日

☆　赤い チューリップは 72本 さいています。白い チューリップは 56本 さいています。赤いほうが 何本 多いですか。

```
  7 2
- 5 6
  1 6
```

赤
白

72

56

?

しき

$$72 - 56 = 16$$

答え　16本

1　青い 画用紙は 85まい あります。黒い 画用紙は 55まい あります。青い 画用紙の ほうが 何まい 多いですか。

```
  8 5
- 5 5
```

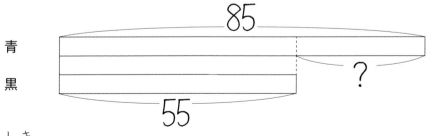

85

55

?

青
黒

しき

$$85 - 55 = \boxed{}$$

答え　　　まい

32

② 黄色の かさは 52本 あります。水色の かさは 90本 あります。水色の かさの ほうが 何本 多いですか。

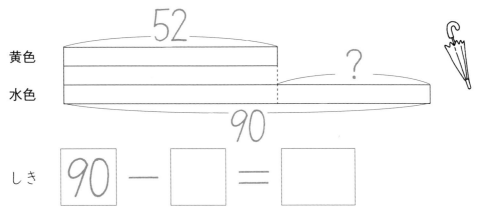

しき　90 － □ ＝ □

答え　　　　　　　本

③ 茶色の ロープの 長さは 70m です。黄色の ロープの 長さは 84m です。黄色の ロープの ほうが 何m 長いですか。

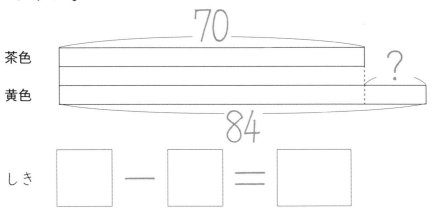

しき　□ － □ ＝ □

答え　　　　　　　m

2つの "もの" をくらべるひき算です。
「なにが どれだけ 多いか」 をきいています。

☆　赤色の 色紙は 55まい ありま
す。青色の 色紙は 82まい あり
ます。赤色の 色紙が 何まい 少
ないですか。

```
    8 2
-   5 5
    2 7
```

55　　　　　　？

赤色

青色

82

しき

$$82 - 55 = 27$$

答え　27まい

1　茶色の にわとりは 57わ います。
白色の にわとりは 80わ います。茶
色の にわとりが 何わ 少ないですか。

```
    8 0
-   5 7
```

57　　　　　　？

茶色

白色

80

しき

$$80 - 57 = \boxed{}$$

答え　　　　　わ

2 青い リボンは 67 cm です。白い
   リボンは 94 cm です。青い リボン
   が 何cm みじかいですか。

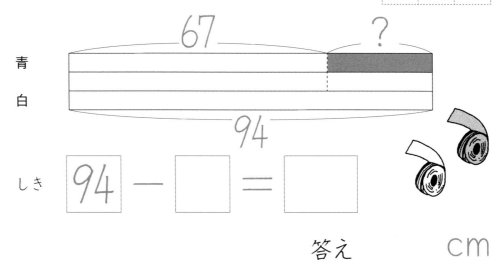

しき 94 − □ = □

答え ＿＿＿＿ cm

3 黄色の コスモスの 花は 39こ さい
   ています。もも色の コスモスの 花
   は 73こ さいています。黄色のほう
   が 何こ 少ないですか。

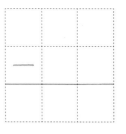

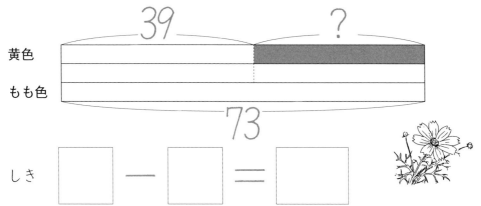

しき □ − □ = □

答え ＿＿＿＿ こ

2つのものをくらべるひき算です。
「なにがどれだけ少ないか。」をきいています。

☆　犬は 32 ひき います。ねこ は 25 ひき います。どちらが 何びき 多いですか。

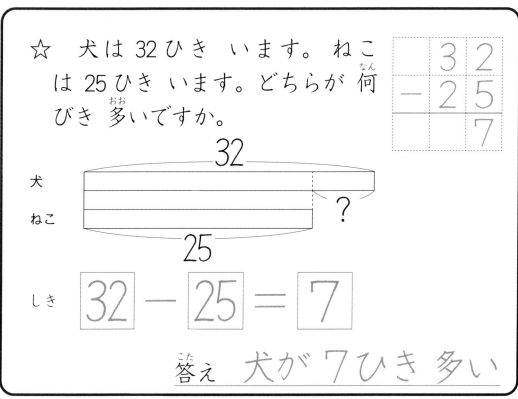

しき 32 − 25 = 7

答え 犬が 7ひき 多い

1　さくらの 木は 95本 あります。うめの 木は 76本 あります。どちらの 木が 何本 多いですか。

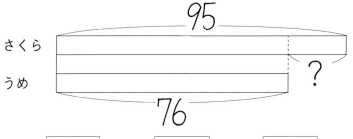

しき 95 − 76 = ☐

答え さくらの 木が　　本多い

② 白い 風船は 66こ あります。黄色い 風船は 82こ あります。どちらの 風船が 何こ 多いですか。

66
白
黄色
?
82

しき 82 − □ = □

答え 黄色い 風船が 　　こ 多い

③ 茶色の ロープは 46m あります。黒色の ロープは 73m あります。どちらの ロープが、何m 長いですか。

46
茶色
黒色
?
73

しき □ − □ = □

答え 黒色の ロープが　　m 長い

2つのものをくらべるひき算です。
「どちらが…」ときいています。

☆　かごに いちごが 何こか あり
ました。そこへ 25こ 入れたら、
80こ になりました。はじめ、か
ごには 何こ ありましたか。

	8	0
−	2	5
	5	5

はじめ　？　　　　　　　25

80

しき

| 80 | − | 25 | = | 55 |

答え　　55こ

1　おにぎりが 何こか ありました。新
しく 27こ にぎったので、50こに な
りました。はじめ、おにぎりは 何
こ ありましたか。

	5	0
−	2	7

？　　　　　　　27

50

しき

| 50 | − | 27 | = | |

答え　　　　こ

38

2 バスに 何人か のっていました。そ
こへ 25人 のってきたので、ぜんぶ
で 40人に なりました。はじめに、
何人 のっていたのでしょうか。

```
 ?            25
┌──────────┬──────────┐
│          │          │
└──────────┴──────────┘
         40
```

しき $40 - \boxed{} = \boxed{}$

答え _____ 人

3 池に 金魚が 何びきか いました。
そこへ 12ひき 入れました。金魚は ぜ
んぶで 100ぴきに なりました。はじめ
に、何びき いたのでしょうか。

```
        ?          12
┌─────────────────┬──┐
│                 │  │
└─────────────────┴──┘
        100
```

しき $\boxed{} - \boxed{} = \boxed{}$

答え _____ ひき

1　公園で はとが 40わ いました。17わ とんで い
きました。のこった はとは 何わですか。

（しき　10点，答え　10点）

しき

	─		=		

答え　　　　　　　　わ

2　ぜんぶで 96ページの 本が あります。28ページ
よみました。本は のこり 何ページ ありますか。

（しき　10点，答え　10点）

しき

	─		=		

答え　　　　　　　　ページ

③ スーパーで はこに 入っている くだものを 買いました。ミカンは 72こ はいって いました。りんごは 34こ はいって いました。数の ちがいは、何こですか。

(しき 10点, 答え 10点)

しき

◻ ― ◻ ＝ ◻

答え　　　　　こ

④ 玉入れを しました。入った 玉を 数えると、赤い 玉は 51こ、白い 玉は 38こ ありました。赤い 玉は 何こ 多かったですか。

(しき 10点、答え 10点)

しき

◻ ― ◻ ＝ ◻

答え　　　　　こ

⑤ ぼくじょうに いきました。さくの 中に ひつじが いました。そこへ 23頭 入って きたので 60頭に なりました。ひつじは はじめ 何頭 いましたか。

(しき 10点, 答え 10点)

しき

◻ ― ◻ ＝ ◻

答え　　　　　頭

九九 ①

名前

☆ ① 絵を 見て、□に 数を かきましょう。

1さらに 2 こずつ、 5 さら分で 10 に

② ①の ことを しきで かきましょう。

しき 2 × 5 = 10

1つ分の数　　いくつ分　　ぜんぶの数

① 絵を 見て、□に 数を かきましょう。

1台に タイヤ 2 こずつ、 4 台分で 8 に

② ①の ことを しきで かきましょう。

しき 2 × 4 = □

1つ分の数　　いくつ分　　ぜんぶの数

2 パンが 1ふくろに 2こずつ 入っています。
6ふくろ分の パンの 数は 何こですか。

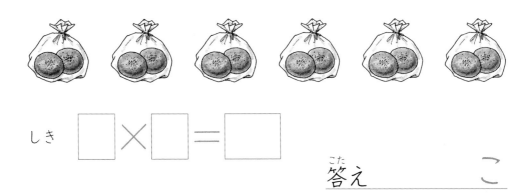

しき　□ × □ = □

答え　　　　　こ

3 2dL入りの オレンジジュースが 8本 あります。
ジュースは ぜんぶで 何dLに なりますか。

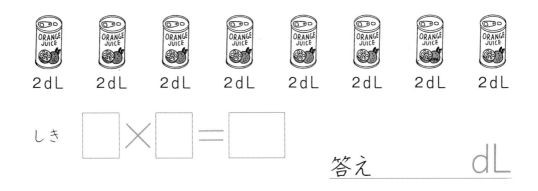

2dL　2dL　2dL　2dL　2dL　2dL　2dL　2dL

しき　□ × □ = □

答え　　　　　dL

4 長さが 2cmの テープを 7本 つなぎます。
何cmに なりますか。

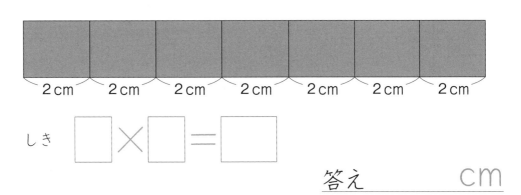

2cm　2cm　2cm　2cm　2cm　2cm　2cm

しき　□ × □ = □

答え　　　　　cm

1　うさぎの 耳は 2本です。うさぎが 9ひき います。耳は ぜんぶで 何本ですか。

しき　$2 \times 9 = 18$　　答え　　　　　本

2　牛の 角は 2本です。牛が 3頭 います。角は ぜんぶで 何本ですか。

しき　□×□=□　　答え　　　　　本

3　ケーキが さらに 2こ あります。これが 8さら あります。ケーキは ぜんぶで 何こですか。

しき　□×□=□　　答え　　　　　こ

4 まんじゅうが さらに 2こ あります。これ が 4さら あります。まんじゅうは ぜんぶで 何 こですか。

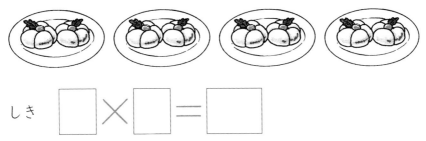

しき □ × □ = □

答え ＿＿＿＿＿ こ

5 ひつじの 角は 2本 です。ひつじは 6頭 います。 角は ぜんぶで 何本ですか。

しき □ × □ = □

答え ＿＿＿＿＿ 本

6 計算をしましょう。

① 2×1 = □

② 2×7 = □

③ 2×5 = □

④ 2×3 = □

⑤ 2×2 = □

................月......日

☆ ① 絵を 見て、□に 数を かきましょう。

1ふくろ 5 こずつ、 4 ふくろ分で 20 に

② ①の ことを しきで かきましょう。

しき 5 × 4 = 20

1つ分の数　いくつ分　ぜんぶの数

1

① 絵を 見て、□に 数を かきましょう。

1はこに 5 こずつ、 5 はこ分で 25 に

② ①の ことを しきで かきましょう。

しき 5 × 5 = □

1つ分の数　いくつ分　ぜんぶの数

46

2 りんごが さらに 5こ あります。3さら分の り
んごは 何こに なりますか。

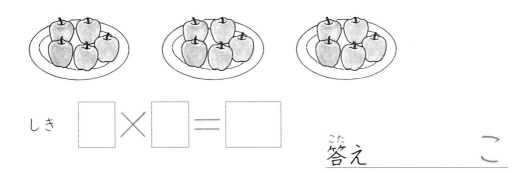

しき □ × □ = □

答え _____ こ

3 5dL入りの オレンジジュースが 7本 あります。
ジュースは ぜんぶで 何dLに なりますか。

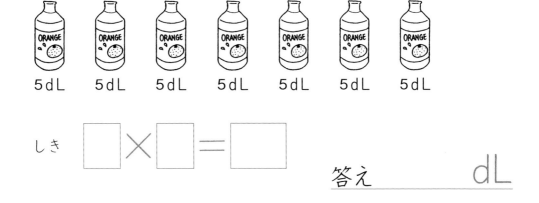

しき □ × □ = □

答え _____ dL

4 長さ 5cmの テープを 8本 つなぎます。ぜんぶ
で 何cmに なりますか。

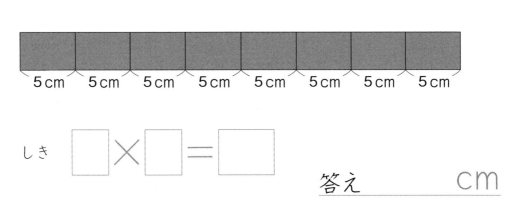

しき □ × □ = □

答え _____ cm

月　　日

① 5人で 組を 作って、なわとびを します。4組 あると みんなで 何人ですか。

しき $5 \times 4 = 20$　　答え　　　　　人

② かごに なすが 5本ずつ 入っています。かご は 2つ あります。なすは ぜんぶで 何本ですか。

しき $\square \times \square = \square$　　答え　　　　　本

③ かごに みかんが 5こずつ 入っています。かご は 5つ あります。みかんは ぜんぶで 何こです か。

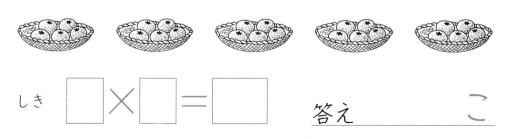

しき $\square \times \square = \square$　　答え　　　　　こ

4　花びんに 花が 5本 さして あります。花びん
は 6つです。花は ぜんぶで 何本ですか。

しき　□ × □ ＝ □

答え　　　　　　本

5　5円 こうかが 9まい あります。
ぜんぶで 何円ですか。

しき　□ × □ ＝ □

答え　　　　　　円

6　計算をしましょう。

①　5×1＝□　　②　5×9＝□

③　5×8＝□　　④　5×3＝□

⑤　5×7＝□

☆ ①　絵を 見て、□に 数を かきましょう。

　　　１かご 3 こずつ、 4 かご分で 12 に

②　①の ことを しきで かきましょう。

　　しき 3 × 4 ＝ 12

　　　１つ分の数　　いくつ分　　　ぜんぶの数

1

①　絵を 見て、□に 数を かきましょう。

　　　１さらに 3 こずつ、 3 さら分で 9 に

②　①の ことを しきで かきましょう。

　　しき 3 × 3 ＝ □

　　　１つ分の数　　いくつ分　　ぜんぶの数

2　1人が 3こずつ、みかんを もらいます。7人分の みかんの 数は 何こに なりますか。

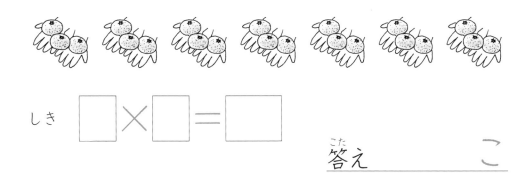

しき　□ × □ = □

答え ＿＿＿＿＿＿＿ こ

3　6この バケツに、水が 3Lずつ 入って います。バケツの 水は ぜんぶで 何Lに なりますか。

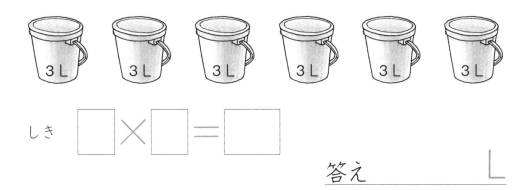

しき　□ × □ = □

答え ＿＿＿＿＿＿＿ L

4　長さが 3mの ひもで、まっすぐに 8回 はかりました。ぜんたいの 長さは 何mですか。

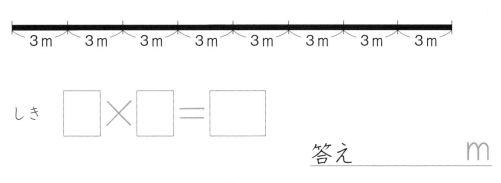

しき　□ × □ = □

答え ＿＿＿＿＿＿＿ m

1　1本の クローバーに、はっぱは 3まいです。
　クローバーを 5本 つむと、はっぱは ぜんぶで
何まいですか。

しき　$3 × 5 = 15$　　答え　　まい

2　金魚ばちに 金魚が 3びきずつ 入れて あります。
　金魚ばちは 6こ あります。金魚は ぜんぶで
何びきですか。

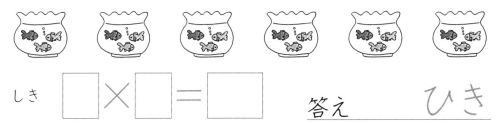

しき　□ × □ = □　　答え　　ひき

3　三りん車の タイヤは 3こです。
　三りん車 2台の タイヤは ぜんぶで 何こですか。

しき　□ × □ = □　　答え　　こ

4　どらやきが はこに ３こずつ 入っています。4 はこ あります。どらやきは ぜんぶで 何こですか。

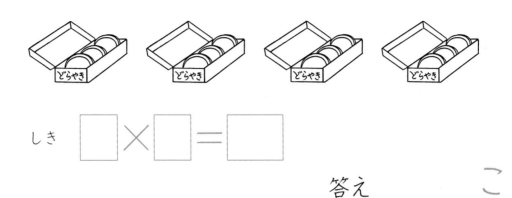

しき　□ × □ = □

答え　　　　　　こ

5　１ふくろ ３本入りの きゅうりが ９ふくろ あります。きゅうりは ぜんぶで 何本ですか。

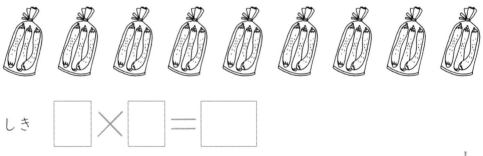

しき　□ × □ = □

答え　　　　　　本

6　計算をしましょう。

①　3×3=□　　②　3×1=□

③　3×9=□　　④　3×8=□

⑤　3×7=□

名前

......月......日

☆ ① □に 数を かきましょう。

1台 タイヤ 4 こずつの 3 台分で 12 こ

② ①の ことを しきで かきましょう。

しき 4 × 3 = 12

1つ分の数　　いくつ分　　ぜんぶの数

①

① 絵を 見て、□に 数を かきましょう。

1ふくろに 4 こずつ、 5 ふくろ分で 20 こ

② ①の ことを しきで かきましょう。

しき 4 × 5 = □

1つ分の数　　いくつ分　　ぜんぶの数

54

② プリンが はこに 4こずつ 入って います。4
はこ分の プリンは 何こに なりますか。

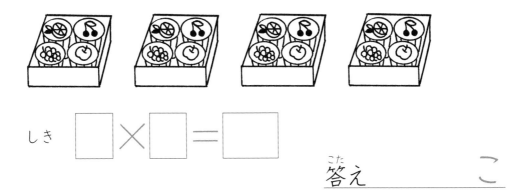

しき □ × □ = □

答え _____ こ

③ 水そうに 水を 4Lずつ 入れます。水そう 2こ
分の 水は 何Lに なりますか。

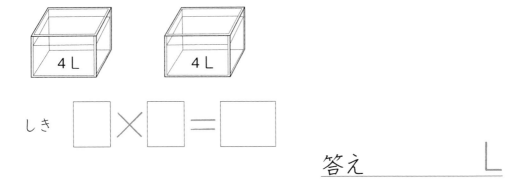

しき □ × □ = □

答え _____ L

④ 長さ 4mの パイプを 6本 つなぎます。ぜんた
いの 長さは 何mに なりますか。

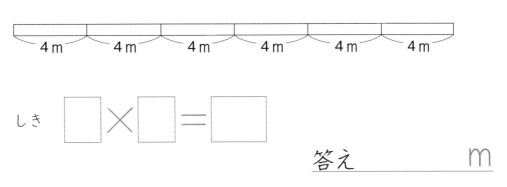

しき □ × □ = □

答え _____ m

月　　日

1　かえるの 足は 4本です。かえるが 9ひき い
　　ると、足は ぜんぶで 何本ですか。

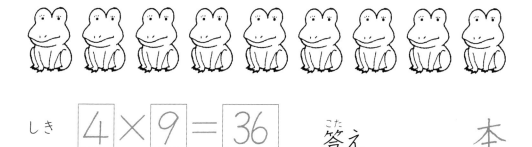

しき $4 \times 9 = 36$　　答え　　　　　本

2　とんぼの 羽は 4まいです。とんぼが 7ひき
　　いると、羽は ぜんぶで 何まいですか。

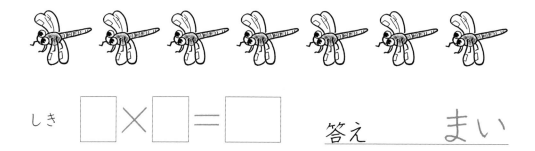

しき □×□=□　　答え　　　　まい

3　ねこの 足は 4本です。ねこが 6ぴき いると、
　　足は ぜんぶで 何本ですか。

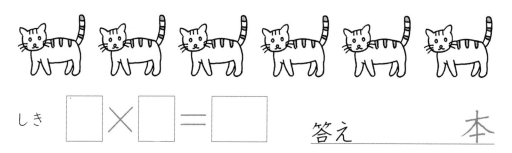

しき □×□=□　　答え　　　　本

4 犬の 足は 4本です。犬が 8ひき いると、足は ぜんぶで 何本ですか。

しき □×□=□

答え ____ 本

5 色紙を 1人に 4まいずつ くばります。5人に くばると ぜんぶで 何まいに なりますか。

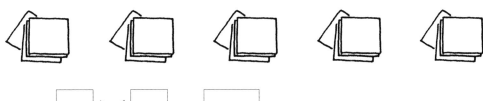

しき □×□=□

答え ____ まい

6 計算を しましょう。

① 4×3=□   ② 4×7=□

③ 4×2=□   ④ 4×1=□

⑤ 4×4=□

☆ ①　□に 数を かきましょう。

1さらに 6 本ずつ、 3 さらで 18 本

②　①の ことを しきで かきましょう。

しき　 6 × 3 ＝ 18

1つ分の数　　いくつ分　　ぜんぶの数

1

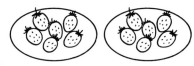

①　絵を 見て、□に 数を かきましょう。

1さらに 6 こずつ、 5 さら分で 30 に

②　①の ことを しきで かきましょう。

しき　 6 × 5 ＝ □

1つ分の数　　いくつ分　　ぜんぶの数

58

2 6本で 1パックの かんジュースが あります。
　 6パック分の ジュースは 何本に なりますか。

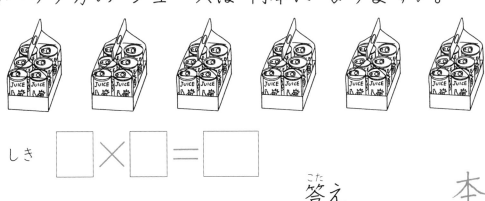

しき □ × □ = □

答え _____ 本

3 金魚ばちに 水を 6Lずつ 入れます。金魚
　 ばち 4こ分の 水は 何Lに なりますか。

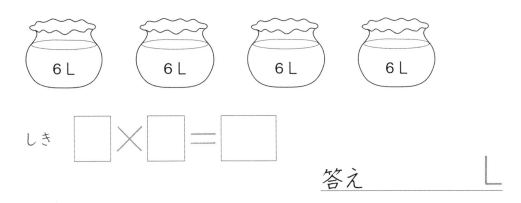

しき □ × □ = □

答え _____ L

4 長さが 6cmの テープが 7本 あります。ぜん
　 ぶ つなぐと 何cmに なりますか。

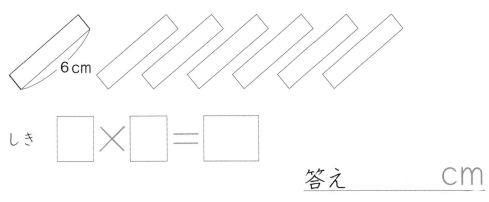

しき □ × □ = □

答え _____ cm

名前

① 1はこ 6こ入りの チーズが 5はこ あります。
チーズは ぜんぶで 何こですか。

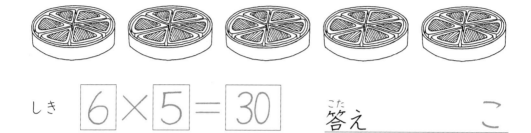

しき $6 × 5 = 30$　　答え ＿＿＿＿ こ

② 1はこ 6こ入りの ボールが 2はこ あります。
ボールは ぜんぶで 何こですか。

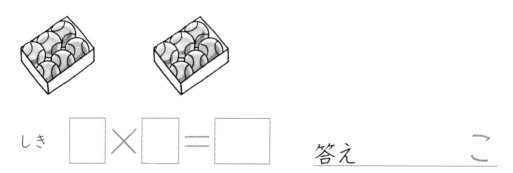

しき □ × □ = □　　答え ＿＿＿＿ こ

③ くわがたむしの 足は 6本 です。8ひき いる
と、足は ぜんぶで 何本ですか。

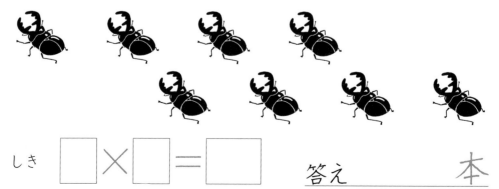

しき □ × □ = □　　答え ＿＿＿＿ 本

4 せみの 足は 6本 です。せみが 9ひき いると、
　足は ぜんぶで 何本ですか。

　しき ☐ × ☐ = ☐

　　　　　　　　　　　　　答え ＿＿＿＿＿ 本

5 女の子が 6人組を 3つ 作りました。
　女の子は みんなで 何人ですか。

　しき ☐ × ☐ = ☐

　　　　　　　　　　　　　答え ＿＿＿＿＿ 人

6 計算を しましょう。

① 6×6 = ☐ 　　　② 6×4 = ☐

③ 6×7 = ☐ 　　　④ 6×1 = ☐

⑤ 6×5 = ☐

☆ ① 絵を 見て、□に 数を かきましょう。

1かごに 7 こずつ、 4 かご分で 28 こ

② ①の ことを しきで かきましょう。

しき 7 × 4 ＝ 28
1つ分の数　　いくつ分　　ぜんぶの数

1

① 絵を 見て、□に 数を かきましょう。

1さらに 7 こずつ、 5 さら分で □ こ

② ①の ことを しきで かきましょう。

しき 7 × 5 ＝ □
1つ分の数　　いくつ分　　ぜんぶの数

2　ななほしてんとうには、7つの ほし（黒丸）が あります。6ぴき分の ほしの 数は 何こに なりますか。

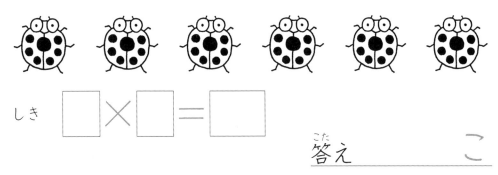

しき　□×□＝□

答え　　　　　　　　こ

3　7dL入りの サラダあぶらが 8本 あります。サラダあぶらは ぜんぶで 何dL ありますか。

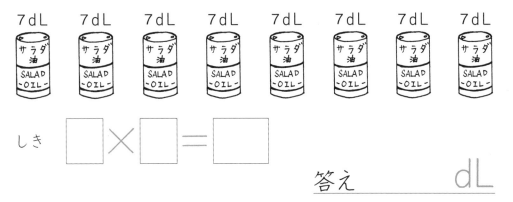

しき　□×□＝□

答え　　　　　　　dL

4　長い ロープから、7mの ロープが ちょうど 9本 切りとれました。長い ロープは 何m ありましたか。

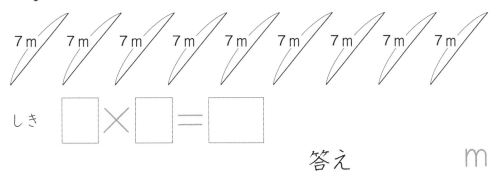

しき　□×□＝□

答え　　　　　　　m

月　　日

① 1週間は 7日間です。
6週間は 何日間ですか。

　◉　1週間は「日、月、火、水、木、金、土」の7日間です。

しき $7 \times 6 = 42$

答え　　　　　日間

② 7人 のれる 自どう車が 3台 あります。どの 自どう車も 7人ずつ のると、みんなで 何人ですか。

しき $\square \times \square = \square$　　答え　　　　　人

③ 高さが 7cmの はこが あります。
9こ つみ上げると 何cmですか。

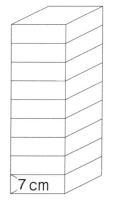

しき $\square \times \square = \square$

答え　　　　　cm

4　ゼリーが 1ふくろに 7こずつ 入っています。
　5ふくろ あると、ゼリーは ぜんぶで 何こですか。

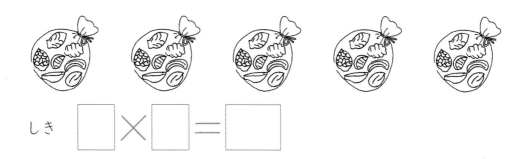

しき　□ × □ = □

答え ＿＿＿＿＿ こ

5　水を 7L 入れた バケツが 4こあります。水
は ぜんぶで 何Lですか。

しき　□ × □ = □

答え ＿＿＿＿＿ L

6　計算を しましょう。

① 7×7= □　　② 7×2= □

③ 7×8= □　　④ 7×6= □

⑤ 7×1= □

月　　日

☆ ① 絵を 見て、□に 数を かきましょう。

1さら 8 こずつ、 6 さら分で 48 に

② ①の ことを しきで かきましょう。

しき 8 × 6 = 48

1つ分の数　　いくつ分　　ぜんぶの数

1

① 絵を 見て、□に 数を かきましょう。

1ふくろに 8 こずつ、 3 ふくろ分で □ こ

② ①の ことを しきで かきましょう。

しき 8 × 3 = □

1つ分の数　　いくつ分　　ぜんぶの数

2 1ふくろ 8まい入りの 食パンが あります。5
ふくろ分の 食パンは ぜんぶで 何まいに なりま
すか。

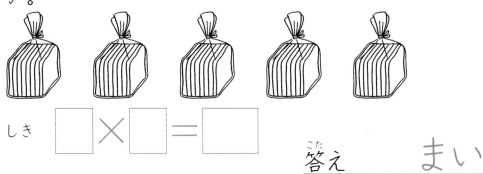

しき 　□ ✕ □ ＝ □

答え 　　　　　　まい

3 水そうが 4つ あります。どの 水そうにも、水
を 8Lずつ 入れます。水は ぜんぶで 何L いりま
すか。

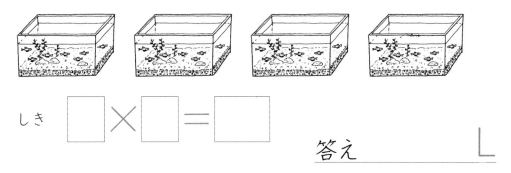

しき 　□ ✕ □ ＝ □

答え 　　　　　　L

4 長さ 8cmの いたが 7まい あります。ぜんぶ
を つなぐと 何cmに なりますか。

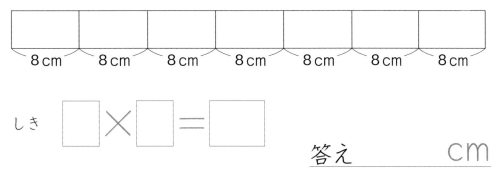

| 8cm | 8cm | 8cm | 8cm | 8cm | 8cm | 8cm |

しき 　□ ✕ □ ＝ □

答え 　　　　　　cm

1　コスモスの 花の 花びらは 8まいです。花が 6
つ さくと、花びらは ぜんぶで 何まいですか。

しき $8 \times 6 = 48$　　　答え　　　　　まい

2　1はこ 8本入りの カラーペンが 4はこ あります。
カラーペンは ぜんぶで 何本ですか。

しき □ × □ = □　　　答え　　　　　本

3　たこの 足は 8本です。たこが 8ひき いると、
足は ぜんぶで 何本に なりますか。

しき □ × □ = □　　　答え　　　　　本

4 くもの 足は 8本です。くもが 2ひき いると、
　足は ぜんぶで 何本ですか。

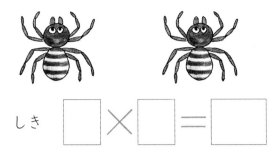

しき 　□×□=□

答え 　　　　　　　本

5 みかん 8こ入りの かごが 9かごあります。み
かんは ぜんぶで なんこですか。

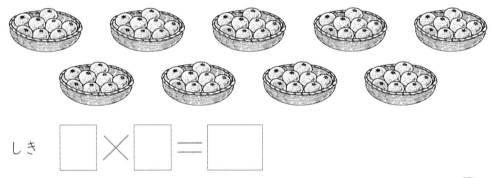

しき 　□×□=□

答え 　　　　　　　こ

6 計算を しましょう。

① 8×8=□　　② 8×3=□

③ 8×1=□　　④ 8×7=□

⑤ 8×5=□

月　　日

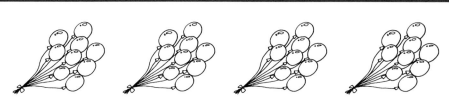

☆ ① 絵を 見て、□に 数を かきましょう。

１たば 9 こずつ、 4 たば分で 36 こ

② ①の ことを しきで かきましょう。

しき 9 × 4 = 36

１つ分の数　　いくつ分　　ぜんぶの数

1

① 絵を 見て、□に 数を かきましょう。

１さらに 9 こずつ、 3 さら分で □ こ

② ①の ことを しきで かきましょう。

しき 9 × 3 = □

１つ分の数　　いくつ分　　ぜんぶの数

2 ふくろに ビー玉が 9こずつ 入っています。7
ふくろ分の ビー玉は 何こに なりますか。

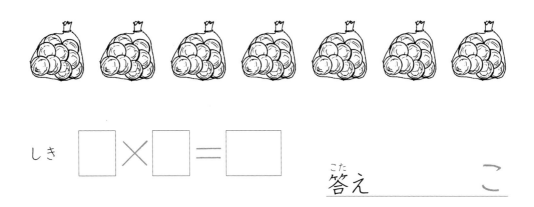

しき □ × □ = □

答え ＿＿＿＿＿＿ こ

3 9dL入りの オレンジジュースが 8本 あります。
ジュースは ぜんぶで 何dLに なりますか。

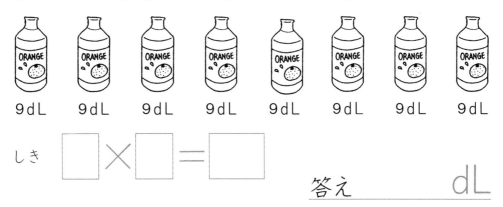

しき □ × □ = □

答え ＿＿＿＿＿＿ dL

4 9mの 6ばいは 何mですか。

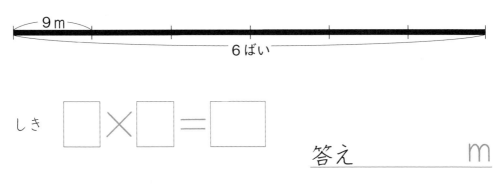

しき □ × □ = □

答え ＿＿＿＿＿＿ m

名前

.... 月　　日

1　1チーム 9人で やきゅうを します。
　　4チームが あつまると、みんなで 何人ですか。

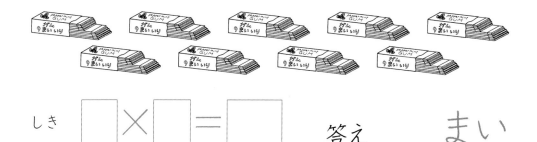

しき　$9 × 4 = 36$　　答え　　　　　　　人

2　1つつみ 9まい入りの ガムが 9こ あります。
　　ガムは ぜんぶで 何まいですか。

しき　□ × □ = □　　答え　　　まい

3　1ふさに 9つぶの ぶどうが 7ふさ あります。
　　ぶどうは ぜんぶで 何つぶですか。

しき　□ × □ = □　　答え　　　つぶ

72

4 　1さら 9こ入りの さくらんぼが、6さら あります。
さくらんぼは ぜんぶで 何こですか。

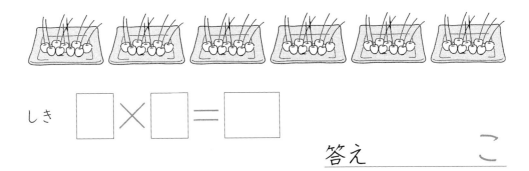

しき 　□ × □ = □

答え 　　　　　　こ

5 　1つの 長<small>なが</small>いすに、子どもが 9人 すわります。
2つの 長いすに すわると、子どもは みんなで 何
人ですか。

しき 　□ × □ = □

答え 　　　　　　人

6 　計算<small>けいさん</small>を しましょう。

① 9 × 3 = □ 　　② 9 × 5 = □

③ 9 × 1 = □ 　　④ 9 × 6 = □

⑤ 9 × 8 = □

名前

☆ ①　絵を 見て、□に 数を かきましょう。

　　1台 タイヤ 1 こずつの 5 台分で 5 こ

②　①の ことを しきで かきましょう。

　　しき 1 × 5 = 5

　　　　1つ分の数　　いくつ分　　ぜんぶの数

1

①　絵を 見て、□に 数を かきましょう。

　　1さらに 1 こずつ、7 さら分で □ こ

②　①の ことを しきで かきましょう。

　　しき 1 × 7 = □

　　　　1つ分の数　　いくつ分　　ぜんぶの数

74

2 うさぎが かごに 1ぴきずつ います。かご
   は 3こ あります。うさぎは ぜんぶで 何びき
   いますか。

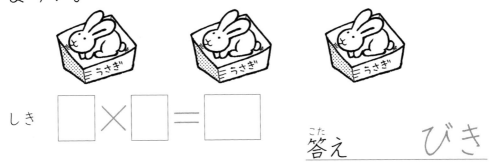

   しき　□ × □ = □

   答え　　　　　びき

3 1L入りの 牛にゅうパックが 6本 あります。牛
   にゅうは ぜんぶで 何Lありますか。

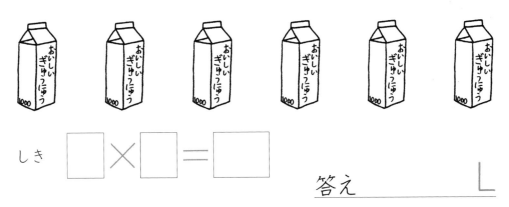

   しき　□ × □ = □

   答え　　　　　L

4 長さ 1mの リボンが 4本 あります。
   ぜんぶ つなぐと 何mに なりますか。

   1m ●●●●●●●●●●●●●●●●●●●●●●●●●
   1m ●●●●●●●●●●●●●●●●●●●●●●●●●
   1m ●●●●●●●●●●●●●●●●●●●●●●●●●
   1m ●●●●●●●●●●●●●●●●●●●●●●●●●

   しき　□ × □ = □

   答え　　　　　m

月　　日

1　さるの しっぽは 1本です。
　　さるは 8ぴき います。しっぽは ぜんぶで 何
本ですか。

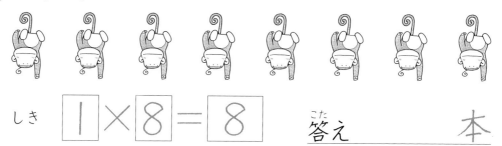

しき　$1 \times 8 = 8$　　答え　　　　　本

2　バナナを 1人に 1本ずつ くばります。
　　9人に くばると、バナナは 何本 いりますか。

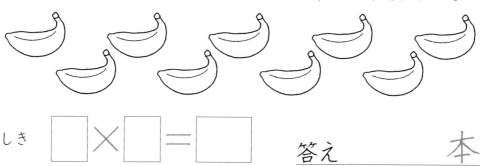

しき　□ × □ = □　　答え　　　　　本

3　りすが どんぐりを、1こずつ もって います。
　　りすは 6ぴき います。どんぐりは ぜんぶ
で 何こですか。

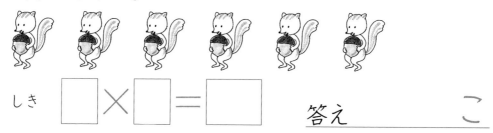

しき　□ × □ = □　　答え　　　　　こ

76

4 １人に １たばずつ おりがみを くばります。5人
に くばると 何たば いりますか。

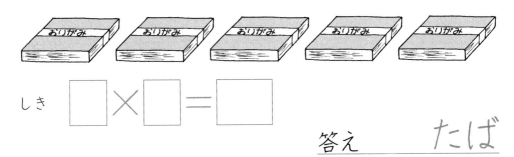

しき $\boxed{} \times \boxed{} = \boxed{}$

答え ＿＿＿＿＿ たば

5 100マス計算を 毎日 １まいずつ します。
１週間（7日間）すると、ぜんぶで 何まいですか。

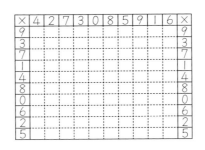

しき $\boxed{} \times \boxed{} = \boxed{}$

答え ＿＿＿＿＿ まい

6 計算を しましょう。

① $１ \times 3 = \boxed{}$ ② $１ \times １ = \boxed{}$

③ $１ \times 4 = \boxed{}$ ④ $１ \times 9 = \boxed{}$

⑤ $１ \times 2 = \boxed{}$

☆　りんごが 3こ あります。みかんは、りんごの 4ばい あります。みかんは 何こ ありますか。

りんご

みかん

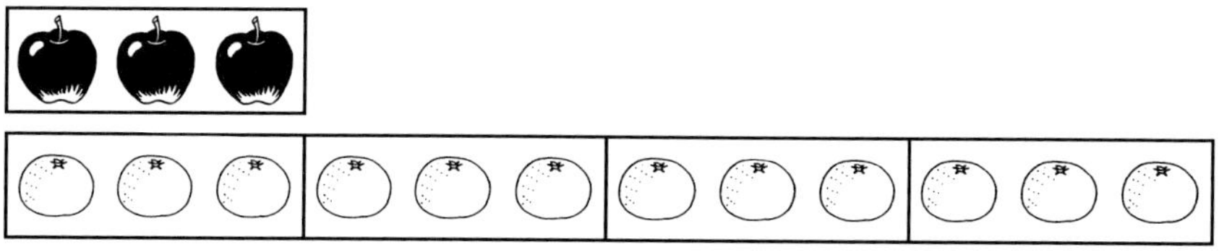

しき　$3 \times 4 = 12$

りんごの数　何ばい　みかんの数

答え　　　　　　こ

1　なしが 4こ あります。かきは、なしの 3ばい あります。かきは 何こ ありますか。

なし

かき

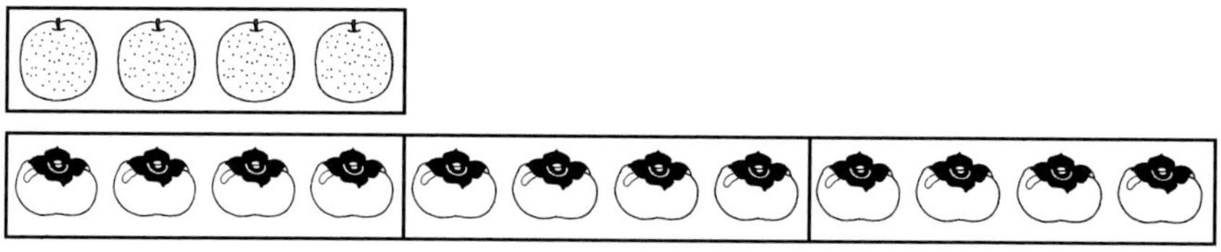

しき　$4 \times \boxed{} = 12$

なしの数　何ばい　かきの数

答え　　　　　　こ

78

2　長さ 6mの ゴムひもが あります。2ばいに ひきのばすと 何mに なりますか。

```
6m   ☐☐☐☐☐☐
2ばい ☐☐☐☐☐☐☐☐☐☐☐☐
```

しき　□ × □ = □

答え　　　　　　　m

3　長さ 5cmの ゴムひもが あります。3ばいに ひきのばすと 何cmに なりますか。

```
5cm  ☐☐☐☐☐
3ばい ☐☐☐☐☐☐☐☐☐☐☐☐☐☐☐
```

しき　□ × □ = □

答え　　　　　　　cm

4　黄色い テープは 6cm あります。白いテープは、黄色い テープの 3ばい あります。白いテープは 何cm ありますか。

```
黄色 ☐☐☐☐☐☐
白色 ☐☐☐☐☐☐☐☐☐☐☐☐☐☐☐☐☐☐
```

しき　□ × □ = □

答え　　　　　　　cm

名前

☆　4つの さらに、りんごを 6こずつ のせます。
りんごは ぜんぶで 何こに なりますか。

1 さら分は 6こです。

しき　$6 \times 4 = 24$
　　　1さら分　何さら　ぜんぶのりんご

答え　　　　　　　こ

1　7つの さらに、さくらんぼを 5こずつ のせます。
さくらんぼは ぜんぶで 何こに なりますか。

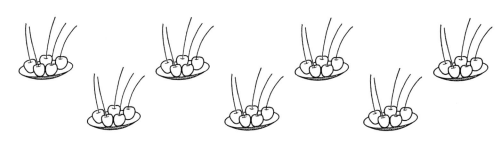

しき　$5 \times \boxed{} = \boxed{}$
　　　1さら分　何さら　ぜんぶのさくらんぼ

答え　　　　　　　こ

2 4人で おりづるを、1人（ひとり）が 7わずつ おります。
色紙（いろがみ）は ぜんぶで 何まい いりますか。

しき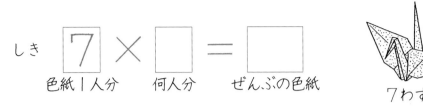

色紙1人分　　何人分　　ぜんぶの色紙

7わずつ

答え　　　　　　まい

3 はこが 3つ あります。はこに ケーキを 2こ
ずつ 入れます。ケーキは ぜんぶで 何こ いります
か。

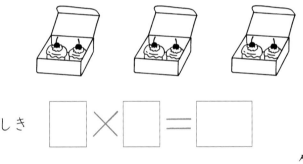

しき ☐×☐＝☐

答え　　　　　　こ

4 ペットボトルが 6本 あります。どれにも お茶（ちゃ）
が 5dL 入っています。お茶は ぜんぶで 何dLに
なりますか。

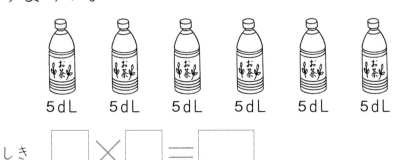

5dL　5dL　5dL　5dL　5dL　5dL

しき ☐×☐＝☐

答え　　　　　　dL

① 子ども 1人に、えんぴつを 4本ずつ くばります。6人に くばるには、えんぴつは 何本 いりますか。

しき 　4×6＝24　　　答え 　　　　本

② 子ども 1人に、くりを 7こずつ くばります。5人に くばるには、くりは 何こ いりますか。

しき 　□×□＝□　　　答え 　　　　こ

③ 子ども 1人に 色紙を 6まいずつ くばります。8人に くばるには、色紙は 何まい いりますか。

しき 　□×□＝□　　　答え 　　　　まい

4 子どもが 4人 います。絵はがきを 1人に 5まいずつ くばります。絵はがきは 何まい いりますか。

しき ☐ × ☐ = ☐

答え ＿＿＿＿＿ まい

5 子どもが 7人 います。ノートを 1人に 4さつずつ くばります。ノートは 何さつ いりますか。

しき ☐ × ☐ = ☐

答え ＿＿＿＿＿ さつ

6 計算を しましょう。

① 7×3 = ☐　　② 5×6 = ☐

③ 3×9 = ☐　　④ 2×6 = ☐

⑤ 4×8 = ☐

① 1週間は 7日間です。3週間は 何日間ですか。

（しき　10点, 答え　10点）

しき　$7 \times 3 = 21$

答え　　　　　日間

② さいふの 中に 5円玉が 8こ あります。さいふ
の お金は ぜんぶで 何円ですか。　（しき　10点, 答え　10点）

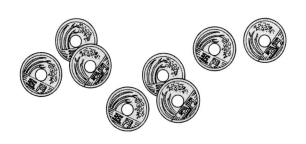

しき　☐ $\times$ ☐ $=$ ☐

答え　　　　　円

84

3 長さ 6cmの ゴムひもを、4ばいに ひきのば
   すと、何cmですか。　　　　　　　　（しき　10点, 答え　10点）

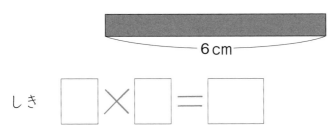

6cm

しき [ ] × [ ] = [ ]

答え ＿＿＿＿＿ cm

4 クラスで グループ分けを しました。1グルー
   プ 4人で、8グループつくると、みんなで 何人で
   すか。　　　　　　　　　　　　　（しき　10点, 答え　10点）

しき [ ] × [ ] = [ ]

答え ＿＿＿＿＿ 人

5 やきゅうの 大会を します。1チーム 9人で 6
   チームあつまると、みんなで 何人ですか。
   　　　　　　　　　　　　　　　　　（しき　10点, 答え　10点）

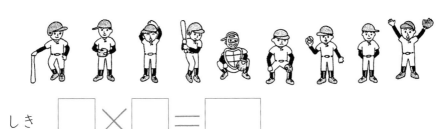

しき [ ] × [ ] = [ ]

答え ＿＿＿＿＿ 人

1　くもの 足は 8本です。くもが 6ぴき います。
　　足は ぜんぶで 何本ですか。

（しき　10点, 答え　10点）

しき　$8 \times 6 = 48$

答え　　　　　本

2　ケーキを 3こ 入れた はこが 6はこ あります。
　　ケーキは ぜんぶで 何こありますか。

（しき　10点, 答え　10点）

しき　□ × □ = □

答え　　　　　こ

③ 長い ロープが あります。6mずつ切ると、ちょうど 7本 とれました。もとの ロープの 長さは 何mですか。

(しき 10点, 答え 10点)

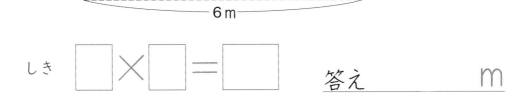
6m

しき ☐×☐=☐　　答え ＿＿＿＿ m

④ よこはばが 7cmの 牛にゅうパックが あります。4こ そろえて ならべると 何cmですか。

(しき 10点, 答え 10点)

しき ☐×☐=☐

答え ＿＿＿＿ cm

⑤ スーパーに 行きました。なすが 1つの かごに、5本ずつ 入って います。かごは 6つ あります。なすは ぜんぶで 何本ですか。

(しき 10点, 答え 10点)

しき ☐×☐=☐

答え ＿＿＿＿ 本

九九の れんしゅう ③   名前

1　ボールペンは、2本ずつ ケースに 入って います。
4ケース あると、ぜんぶで 何本ですか。

（しき　10点, 答え　10点）

4ケース

しき　$2 \times 4 = 8$

答え　　　　　　本

2　三りん車の タイヤは、1台に 3こです。三りん
車が 7台 あると、タイヤは ぜんぶで 何こです
か。

（しき　10点, 答え　10点）

7台

しき　□ × □ = □

答え　　　　　　こ

③ プリンは 1はこに 5こ 入って います。9は
こ あると、プリンは ぜんぶで 何こですか。

しき　□×□=□

答え　　　　　こ

④ はばが 9cmの いたが あります。3まいを ぴっ
たり つけると、何cmですか。

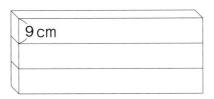

しき　□×□=□

答え　　　　　cm

⑤ ほたるの 足は 6本です。ほたるが 6ぴき いる
と、足は、何本ですか。

しき　□×□=□

答え　　　　　本

月　　日

☆　メロンを 6こずつ、8はこに 入れました。まだ、12こ のこっています。メロンは、ぜんぶで 何こ ありましたか。

```
  4 8
+ 1 2
```

じゅんばんに かんがえていこう。

しき

8はこ分のメロン　$6 \times 8 = 48$

ぜんぶのメロン　$48 + 12 = \boxed{}$

答え　　　　　こ

1　ドーナツを 6こずつ、6はこに 入れました。まだ、15こ のこっています。ドーナツは、ぜんぶで 何こ ありましたか。

しき

$6 \times 6 = \boxed{}$

$\boxed{} + \boxed{} = \boxed{}$

答え　　　　　こ

90

2 ボールペンを 6本ずつ、5つの ふ
くろに 入れました。まだ、24本 のこ
っています。ボールペンは、ぜんぶ
で 何本 ありましたか。

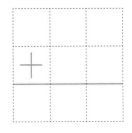

しき

5ふくろ分の
ボールペン

$\square \times \square = \square$

ぜんぶのボールペン

$\square + \square = \square$

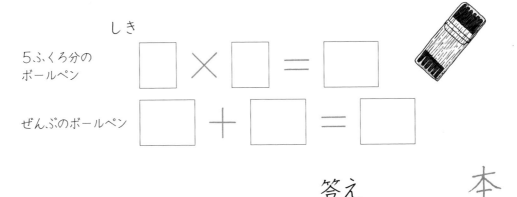

答え　　　　　本

3 スプーンを 6本ずつ、7つの ケー
スに 入れました。まだ、35本 のこっ
ています。スプーンは、ぜんぶで 何
本 ありましたか。

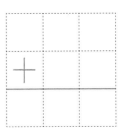

しき

7ケース分のスプーン

$\square \times \square = \square$

ぜんぶのスプーン

$\square + \square = \square$

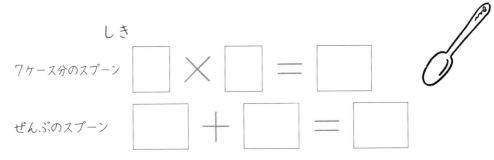

答え　　　　　本

ここにあるもんだいは、1つのしきにして、こた
えをだすことができます。
☆ 6×8＋12 1 6×6＋15
2 6×5＋24 3 6×7＋35

………月……日

☆　トランプを　7まいずつ、4人に　くばりました。まだ、25まいのこっています。
　　トランプは　ぜんぶで　何まい　ありましたか。

```
  2 8
+ 2 5
```

しき

4人分のトランプ　　$7 \times 4 = 28$

ぜんぶのトランプ　　$28 + 25 = \boxed{}$

答え　　　　まい

① カードを　8まいずつ、6人に　くばりました。まだ、22まい　のこっています。カードは、ぜんぶで　何まい　ありましたか。

```
+ 2 2
```

しき

6人分のカード　　$8 \times 6 = \boxed{}$

ぜんぶのカード　　$\boxed{} + \boxed{} = \boxed{}$

答え　　　　まい

2 ボールペンを 6本ずつ、8この ケースに 入れました。まだ、36本 のこっています。ボールペンは、ぜんぶで 何本 ありましたか。

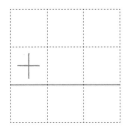

しき

8ケース分のボールペン □ × □ = □

ぜんぶのボールペン □ + □ = □

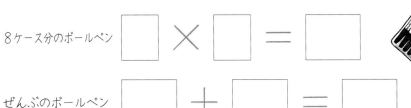

答え ＿＿＿＿ 本

3 ようかんを 5本ずつ、7つのはこに 入れました。まだ、25本 のこっています。ようかんは、ぜんぶで 何本 ありましたか。

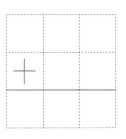

しき

7はこ分のようかん □ × □ = □

ぜんぶのようかん □ + □ = □

答え ＿＿＿＿ 本

ここにあるもんだいも、1つのしきにして、こたえをだすことができます。
☆ 7×4＋25 1 8×6＋22
2 6×8＋36 3 5×7＋25

............月......日

☆　メロンが、50こ あります。6
　こずつ、4つの はこに 入れまし
　た。のこりは 何こに なりますか。

$$\begin{array}{r} 5\ 0 \\ -\ 2\ 4 \\ \hline \end{array}$$

しき

ここでは、
ひき算をつかいます。

4はこ分のメロン　$6 \times 4 = 24$

のこりのメロン　$50 - 24 = \boxed{}$

答え　　　　　　　　こ

1　きくの 切り花が、50本 あります。
　6本ずつ、7つの 花たばを 作ります。
　のこりは 何本に なりますか。

$$\begin{array}{r} 5\ 0 \\ - \\ \hline \end{array}$$

しき

7たば分のきく　$6 \times 7 = \boxed{}$

のこりのきく　$\boxed{} - \boxed{} = \boxed{}$

答え　　　　　　　　本

② 長さが 40 mの ロープが あります。6 mの 長さの ロープを、3本 作ります。のこりは 何mに なりますか。

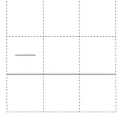

しき

3本分のロープ　□ × □ = □

のこりのロープ　□ − □ = □

答え ＿＿＿＿＿ m

③ えんぴつが、60本 あります。6本 ずつ、8つの ふくろに 入れます。のこりは 何本に なりますか。

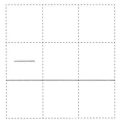

しき

8ふくろ分のえんぴつ　□ × □ = □

のこりのえんぴつ　□ − □ = □

答え ＿＿＿＿＿ 本

ここにある４つのもんだいは、１つのしきにして、こたえをだすことができます。
☆ 50−6×4　① 50−6×7
② 40−6×3　③ 60−6×8

............月....日✏

☆　カードが、48まいあります。
1人（ひとり）に 7まいずつ、3人に くばると、のこりは 何（なん）まいですか。

```
    4 8
  - 2 1
```

しき

3人分（ぶん）のカード　$7 \times 3 = 21$

のこりのカード　$48 - 21 = \boxed{}$

答（こた）え _____ まい

1　トランプは、ジョーカーを のけると、52まいです。1人に 7まいずつ、3人に くばると、のこりは 何まいですか。

```
    5 2
  -
```

しき

3人分のトランプ　$7 \times 3 = \boxed{}$

のこりのトランプ　$\boxed{} - \boxed{} = \boxed{}$

答え _____ まい

② はこに 入っている クッキーは、50
こです。1人に 8こずつ、4人に く
ばると、のこりは 何こですか。

しき

4人分のクッキー ☐ × ☐ = ☐

のこりのクッキー ☐ − ☐ = ☐

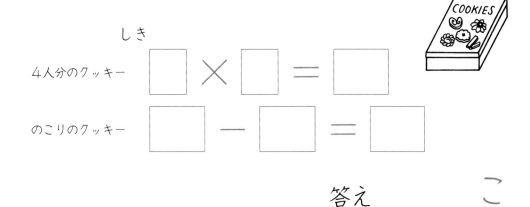

答え _____ こ

③ びんに 入っている あめは、62こで
す。1人に 4こずつ、9人に くばる
と、のこりは 何こですか。

しき

9人分のあめ ☐ × ☐ = ☐

のこりのあめ ☐ − ☐ = ☐

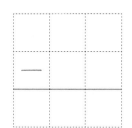

答え _____ こ

かけ算とたし算・ひき算 名前

1　クッキーを 作りました。1はこに 4まいずつ 入れると、6はこに なりました。まだ 7まい のこっています。クッキーは ぜんぶで 何まい ありましたか。

（しき 15点, 答え 10点）

しき

□ × □ = □

□ + □ = □

答え　　　　まい

2　ともだちと セミを たくさん とりました。1つの かごに 5ひきずつ いれると 4かごに なりました。まだ セミは 13びき のこって います。セミを ぜんぶで 何びき とりましたか。

（しき 15点, 答え 10点）

しき

□ × □ = □

□ + □ = □

答え　　　　びき

3　ビー玉を ふくろに いれて かたづけます。ビー玉は 52こ あります。5こずつ 8この ふくろに 入れます。のこりは、何こに なりますか。

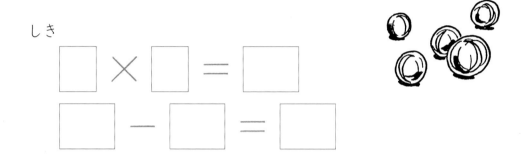

しき

□ × □ = □

□ − □ = □

答え　　　　　こ

4　花たばを つくります。チューリップの 花は 61本 あります。6本ずつ 7つの 花たばを つくります。のこりは 何本に なりますか。

しき

□ × □ = □

□ − □ = □

答え　　　　　本

かさ ①

名前

☆ ジュースが、紙パックに 7dL 入っています。びんに 5dL 入っています。ジュースは 合わせて 何dLに なりますか。

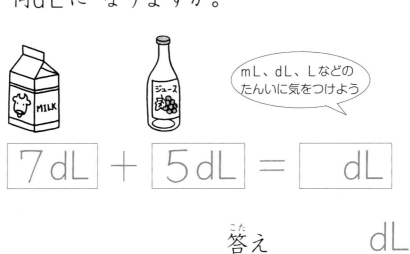

mL、dL、Lなどのたんいに気をつけよう

しき　$\boxed{7dL} + \boxed{5dL} = \boxed{dL}$

答え　　　　　dL

1　牛にゅうが、びんに 5dL 入って います。紙パックに 9dL 入って います。牛にゅうは 合わせて 何dLに なりますか。

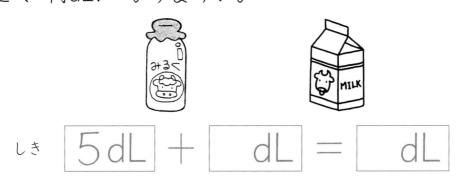

しき　$\boxed{5dL} + \boxed{dL} = \boxed{dL}$

答え　　　　　dL

2 水が、水そうに 8L 入って います。そこへ、水を 9L 入れます。水は、合わせて 何Lに なりますか。

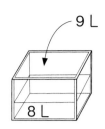
9L
8L

しき

答え ＿＿＿＿＿ L

3 とうゆが、大きい いれものに 12L 入って います。小さい いれものに 6L 入って います。とうゆは、合わせて 何Lに なりますか。

しき ［　　L］＋［　　L］＝［　　L］

答え ＿＿＿＿＿ L

4 しょうゆが、びんに 160 mL 入って います。紙パックに 120 mL 入って います。しょうゆは、合わせて 何mL に なりますか。

しき ［　　mL］＋［　　mL］＝［　　mL］

答え ＿＿＿＿＿ mL

かさ ②

名前

☆ ジュースが、紙パックに 7dL、びん
に 5dL あります。ジュースは、合わせて 何
L何dLに なりますか。

しき

| 7dL | + | 5dL | = | dL |

| 12dL | = | 1L2dL |

・1L=10dL

答え　　L　　dL

1 なたねあぶらが、かんに 8dL、びんに 6
dL あります。あぶらは、合わせて 何L 何dLに な
りますか。

しき

| 8dL | + | dL | = | dL |

| dL | = | L　dL |

答え　　L　　dL

② 水が、やかんに 3L 入って います。
そこへ、4dL 入れます。やかんの 水
は、何L何dLに なりますか。

しき ［3L］ + ［ dL］ = ［ L dL］

答え ＿＿L＿＿dL

③ しょうゆが、大きい びんに 1L5dL、小さ
い びんに 5dL あります。しょうゆは、合わせ
て 何Lに なりますか。

しき ［ L dL］ + ［ dL］ = ［ L］

答え ＿＿＿＿＿＿L

④ ソースが、1本の びんに 1L3dL、もう1本
の びんに 1L7dL あります。ソースは 合わせ
て 何Lに なりますか。

しき ［ L dL］ + ［ L dL］ = ［ L］

答え ＿＿＿＿＿＿L

103

月　　日

かさ ③

名前

☆　ぶどうジュースが、紙パックに 9dL 入っ
ています。びんに 5dL 入って います。ちが
いは、何dL ですか。

しき　| 9 dL | － | 5 dL | ＝ | 　 dL |

答え　　　　　　　dL

1　牛にゅうが、紙パックに 7dL 入って います。
びんに 2dL 入って います。ちがいは、何dLです
か。

しき　| 7 dL | － | 　 dL | ＝ | 　 dL |

答え　　　　　　　dL

2 水が、水そうに 9L 入って います。そこから 6L くみ出しました。水は、何L のこって います か。

しき　□ L － □ L ＝ □ L

答え　　　　　　L

3 ポリタンクに 水が、18 L あります。べつの いれものに 6L うつします。とうゆの のこりは、何Lに なりますか。

しき　□ L － □ L ＝ □ L

答え　　　　　　L

4 麦茶が、大きい コップに 130 mL 入って います。小さい コップに 70 mL 入って います。ちがいは 何mLですか。

しき　□ mL － □ mL ＝ □ mL

答え　　　　　　mL

☆　ジュースが 紙パックに 1L2dL 入って
います。4dL のみました。のこりは、何dL
ですか。

しき　| 1L2dL | = | 12dL |

| 12dL | - | 4dL | = | dL |

答え 　　　　　dL

1　あぶらが、かんに 1L4dL 入って います。
べつの かんに 5dL うつすと、のこりは 何dL
ですか。

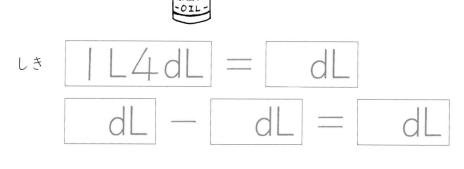

しき　| 1L4dL | = | dL |

| dL | - | dL | = | dL |

答え　　　　dL

2 水が、やかんに 3L 入って います。
コップに5dL そそぎました。のこりの 水
は、何L何dLですか。

しき ┌──────┬───────┬──────────┐
│   L │ － dL │ ＝   L dL │
└──────┴───────┴──────────┘

答え 　　　 L 　　 dL

3 しょうゆが、びんに 2L あります。これを べ
つの いれものに、1L5dL うつします。のこり
の しょうゆは、何dLですか。

しき ┌──────┬───────┬──────────┐
│   L │ L dL │ ＝   dL │
└──────┴───────┴──────────┘

答え 　　　 　　 dL

4 とうゆが、7L8dL あります。2L8dLを スト
ーブに 入れて つかいます。のこりの とうゆは、
何Lですか。

しき ┌────────┬────────┬──────┐
│ L dL │ L dL │ ＝ L │
└────────┴────────┴──────┘

答え 　　　 　　 L

1 お茶の 入った 水とうが 2つ あります。1つの
水とうに 6dL 入って います。もう 1つは
7dL 入って います。お茶は 合わせて 何dLに な
りますか。

(しき　15点，答え　10点)

しき　□ dL + □ dL = □ dL

答え　　　　　dL

2 ジュースを 買いました。1つは 1L2dL 入って
います。もう 1つは 5dL 入って います。ジュー
スは 合わせて 何L何dLに なりますか。

(しき　15点，答え　10点)

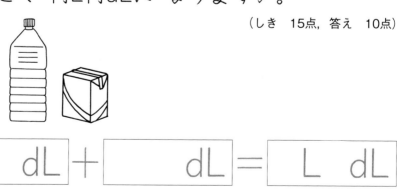

しき　□ L □ dL + □ dL = □ L □ dL

答え　　L　　dL

③ やかんで お茶を 16dL作りました。水とうに 5dL 入れました。やかんに お茶は 何dL のこっ て いますか。

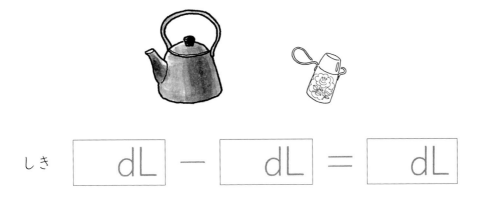

しき 　[　dL　] － [　dL　] = [　dL　]

答え 　　　　dL

④ バケツに 水が 1L5dL 入って います。花に 水 を あげるので、8dL つかいました。バケツの 水 は のこり 何dLに なりますか。

しき 　[　L　dL　] = [　dL　]
　　　[　dL　] － [　dL　] = [　dL　]

答え 　　　　dL

とけい ①

名前

☆ 姉さんは、午前8時に 家を 出て、8時30分に 会社に つきました。家を 出てから 会社に つくまでに、かかった 時間は 何分間ですか。

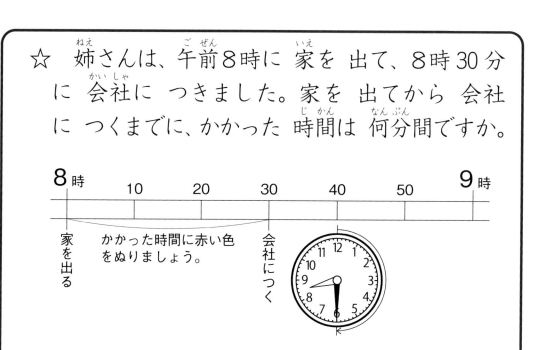

かかった時間に赤い色をぬりましょう。

答え　30 分

1 兄さんは、午前7時に 家を 出て、7時50分に 体いくかんに つきました。家を 出て 体いくかんに つくまでに、かかった時間は 何分間ですか。

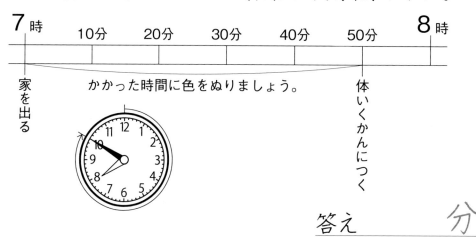

かかった時間に色をぬりましょう。

答え　　　分

2 妹は、午後2時10分から 午後2時30分まで、テレビを 見て いました。テレビを 見ていた 時間は 何分間ですか。

答え　　　　　分

3 弟は、午後3時20分から 午後3時50分まで、ボールあそびを して いました。ボールあそびを していた 時間は 何分間ですか。

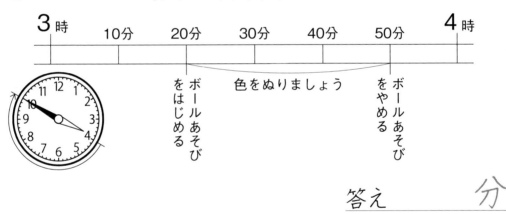

答え　　　　　分

4 午後4時20分から 午後5時までの 時間は 何分間ですか。

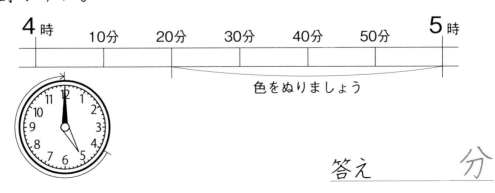

答え　　　　　分

名前

月　　日

☆　兄さんは、午前8時に 家を 出て、20分後に えきに つきました。えきに ついた 時こくは、午前何時何分ですか。

8時　　　　　　　　　　　　　　9時

20分

家を出る　　えきにつく

答え　午前8時20分

1　姉さんは、午前10時から 40分間、本を 読みました。本を 読み おわったのは、午前何時何分ですか。

10時　　　　　　　　　　　　　　11時

40分

読みはじめ　　　読みおわり

答え　午前10時　　　分

2 弟は、午後3時20分から 30分間、テレビを 見ました。見おわったのは、午後何時何分ですか。

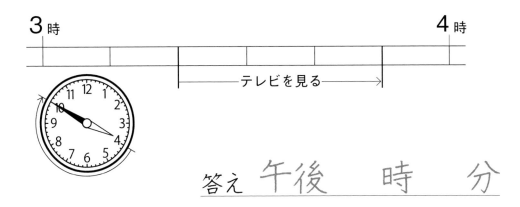

答え 午後　　時　　分

3 妹は、午後2時40分から 20分間、ひるねを しました。おきた 時こくは 何時ですか。

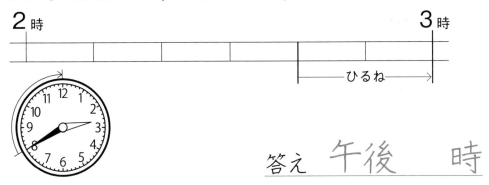

答え 午後　　時

4 ぼくは、家を 出てから 20分間で えきに つきました。時こくは、午後5時でした。家を 出た 時こくは 午後何時何分ですか。

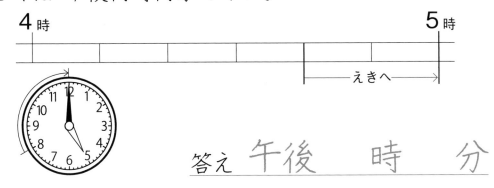

答え 午後　　時　　分

こ た え

P．4、5　たし算①

☆　しき　　　24＋21＝45

答え　45まい

1　しき　　　26＋42＝68

答え　68まい

2　しき　　　35＋24＝59

答え　59わ

3　しき　　　24＋54＝78

答え　78さつ

> テープ図を使うと、量をイメージしやすくなります。
> たし算は、「合併（あわせる問題）」と「増加（ふえる問題）」の２つがあります。
> くり上がりのない、合併のたし算です。一の位から十の位と順に計算します。

P．6、7　たし算②

☆　しき　　　26＋45＝71

答え　71こ

1　しき　　　37＋28＝65

答え　65こ

2　しき　　　55＋27＝82

答え　82まい

3　しき　　　36＋56＝92

答え　92ひき

> 一の位がくり上がる、合併のたし算です。くり上がりに注意しましょう。筆算の式に、くり上がりの数（補助数字）を書くと計算間違いを防げます。

P．8、9　たし算③

☆　しき　　　55＋70＝125

答え　125本

1　しき　　　90＋18＝108

答え　108本

2　しき　　　70＋80＝150

答え　150mL

3　しき　　　65＋40＝105

答え　105cm

> 十の位がくり上がる、合併のたし算です。百の位にくり上がります。一の位から、順に計算しましょう。

P．10、11　たし算④

☆　しき　　　53＋59＝112

答え　112人

1　しき　　　47＋67＝114

答え　114人

2　しき　　　98＋55＝153

答え　153円

3　しき　　　68＋49＝117

答え　117cm

> 一の位、十の位がくり上がる、合併のたし算です。一の位から、順に計算し、最初はくり上がりの数（補助数字）をしっかり書いて計算しましょう。

P. 12、13　たし算⑤

☆　しき　　65＋35＝100

　　　　　　　　　　　　答え　　100m

1　しき　　43＋57＝100

　　　　　　　　　　　　答え　　100だい

2　しき　　55＋45＝100

　　　　　　　　　　　　答え　　100分

3　しき　　82＋18＝100

　　　　　　　　　　　答え　　100ページ

> 　一の位、十の位がくり上がる、合併のたし算です。一の位からくり上がった数を、十の位にたすと、またくり上がるので、難しく感じるかもしれません。くり上がりの数（補助数字）を書いてしっかり計算しましょう。

P. 14、15　たし算⑥

☆　しき　　27＋48＝75

　　　　　　　　　　　　答え　　75cm

1　しき　　45＋35＝80

　　　　　　　　　　　　答え　　80m

2　しき　　36＋19＝55

　　　　　　　　　　　　答え　　55こ

3　しき　　52＋68＝120

　　　　　　　　　　　答え　　120まい

> 　「つかいました」など、なくなるイメージがありひき算と間違いやすい問題です。
> 　「はじめにいくつ」と聞かれているので、使った数と残った数を合わせて、もとの数を調べます。

P. 16、17　たし算⑦

☆　しき　　62＋45＝107

　　　　　　　　　　　　答え　　107さつ

1　しき　　24＋80＝104

　　　　　　　　　　　　答え　　104台

2　しき　　45＋85＝130

　　　　　　　　　　　　答え　　130ぴき

3　しき　　74＋28＝102

　　　　　　　　　　　　答え　　102こ

> 　「はじめにいくつ」の問題です。たし算の問題だと気づき、一の位・十の位のくり上がりに注意して計算しましょう。

P. 18、19　たし算⑧

☆　しき　　36＋24＝60

　　　　　　　　　　　　答え　　60こ

1　しき　　45＋27＝72

　　　　　　　　　　　　答え　　72こ

2　しき　　28＋48＝76

　　　　　　　　　　　　答え　　76まい

3　しき　　85＋23＝108

　　　　　　　　　　　　答え　　108こ

> 　「～より多い」の問題です。
> 　テープ図にして見ると、聞かれている数が何か分かりやすくなります。

P．20、21　たし算　まとめ

1　しき　　26＋16＝42

答え　42こ

2　しき　　66＋78＝144

答え　144円

3　しき　　46＋75＝121

答え　121こ

4　しき　　28＋33＝61

答え　61わ

5　しき　　13＋28＝41

答え　41頭

P．22、23　ひき算①

☆　しき　　75－40＝35

答え　35まい

1　しき　　99－70＝29

答え　29まい

2　しき　　95－65＝30

答え　30こ

3　しき　　66－35＝31

答え　31台

> 「のこりはいくつ」と聞かれています。2つの差を聞かれているので、ここではひき算を使って解きます。
> 　テープ図を書くと、2つの数の関係が分かりやすくなります。

P．24、25　ひき算②

☆　しき　　80－64＝16

答え　16m

1　しき　　92－25＝67

答え　67cm

2　しき　　72－28＝44

答え　44ひき

3　しき　　83－55＝28

答え　28本

> 「のこりはいくつ」の問題です。もとの数から使った・なくなった数をひいて残った数を考えるのでひき算です。
> 　テープ図を見ると、どの数を聞かれているのか分かります。

P．26、27　ひき算③

☆　しき　　70－43＝27

答え　27人

1　しき　　90－36＝54

答え　54人

2　しき　　52－27＝25

答え　25ひき

3　しき　　85－58＝27

答え　27まい

> 全体から、分かっている数をひくと答えがでます。

P．28、29　ひき算④

☆　しき　　　$80 - 25 = 55$

答え　55こ

1　しき　　　$50 - 28 = 22$

答え　22こ

2　しき　　　$71 - 18 = 53$

答え　53本

3　しき　　　$67 - 29 = 38$

答え　38まい

> 「～より少ない」の問題です。2つの数の差を考えるのでひき算です。多い数・少ない数がどちらなのかを考えて、テープ図にすると分かりやすくなります。

P．30、31　ひき算⑤

☆　しき　　　$42 - 25 = 17$

答え　17こ

1　しき　　　$63 - 34 = 29$

答え　29こ

2　しき　　　$62 - 39 = 23$

答え　23わ

3　しき　　　$95 - 47 = 48$

答え　48頭

> 「ちがいはいくつ」の問題です。テープ図を見て、2つの数の差を考えましょう。

P．32、33　ひき算⑥

☆　しき　　　$72 - 56 = 16$

答え　16本

1　しき　　　$85 - 55 = 30$

答え　30まい

2　しき　　　$90 - 52 = 38$

答え　38本

3　しき　　　$84 - 70 = 14$

答え　14m

> 「いくつ多い」の問題です。2つの差を求める問題です。いくつ多い・少ないと言葉だけだと難しいですが、テープ図を見れば、よく理解できます。

P．34、35　ひき算⑦

☆　しき　　　$82 - 55 = 27$

答え　27まい

1　しき　　　$80 - 57 = 23$

答え　23わ

2　しき　　　$94 - 67 = 27$

答え　27cm

3　しき　　　$73 - 39 = 34$

答え　34こ

> 「いくつ少ない」の問題です。少ない数に注目して考えましょう。

P．36、37　ひき算⑧

☆　しき　　　$32-25=7$

　　答え　犬が　7ひき　多い

① しき　　　$95-76=19$

　　答え　さくらの　木が　19本　多い

② しき　　　$82-66=16$

　　答え　黄色い　風船が　16こ　多い

③ しき　　　$73-46=27$

　　答え　黒色の　ロープが　27m　長い

> 「どちらが多い」の問題です。この問題では、数だけではなく、「どちらが」まで答えます。2つの数がどちらのことを示しているか考えながら答えましょう。

P．38、39　ひき算⑨

☆　しき　　　$80-25=55$

　　　　　　　　　　答え　55こ

① しき　　　$50-27=23$

　　　　　　　　　　答え　23こ

② しき　　　$40-25=15$

　　　　　　　　　　答え　15人

③ しき　　　$100-12=88$

　　　　　　　　答え　88ひき

> 「はじめにいくつ」の問題です。もとの数を知りたいので、全部の数から増えた分をひいて答えを出します。

P．40、41　ひき算　まとめ

① しき　　　$40-17=23$

　　　　　　　　　　　　答え　23わ

② しき　　　$96-28=68$

　　　　　　　　　　　答え　68ページ

③ しき　　　$72-34=38$

　　　　　　　　　　　　答え　38こ

④ しき　　　$51-38=13$

　　　　　　　　　　　　答え　13こ

⑤ しき　　　$60-23=37$

　　　　　　　　答え　37頭

P．42、43　九九①

☆　①　2，5，10

　　②　しき　$2 \times 5 = 10$

① ①　2，4，8

　　②　$2 \times 4 = 8$

② しき　　　$2 \times 6 = 12$

　　　　　　　　　　答え　12こ

③ しき　　　$2 \times 8 = 16$

　　　　　　　　　答え　16dL

④ しき　　　$2 \times 7 = 14$

　　　　　　　答え　14cm

> 九九の問題に入ります。
> 　九九の問題では、「かけられる数×かける数＝答え」に注意して解きましょう。文章題では「かけられる数」「かける数」が逆になると、答えが正解でも式で減点されてしまいます。かけられる数（1あたり量）をしっかり押さえて考えましょう。

P．44、45 九九②

1 しき　　2 × 9 = 18

答え　18本

2 しき　　2 × 3 = 6

答え　6本

3 しき　　2 × 8 = 16

答え　16こ

4 しき　　2 × 4 = 8

答え　8こ

5 しき　　2 × 6 = 12

答え　12本

6 ① 2　　② 14
③ 10　　④ 6
⑤ 4

> 2の段のかけ算は、2こずつ増え
ていきます。

P．46、47 九九③

☆ ① 5，4，20
② しき　5 × 4 = 20

1 ① 5，5，25
② 5 × 5 = 25

2 しき　　5 × 3 = 15

答え　15こ

3 しき　　5 × 7 = 35

答え　35dL

4 しき　　5 × 8 = 40

答え　40cm

> 5の段のかけ算です。5こずつ増
えていきます。

P．48、49 九九④

1 しき　　5 × 4 = 20

答え　20人

2 しき　　5 × 2 = 10

答え　10本

3 しき　　5 × 5 = 25

答え　25こ

4 しき　　5 × 6 = 30

答え　30本

5 しき　　5 × 9 = 45

答え　45円

6 ① 5　　② 45
③ 40　　④ 15
⑤ 35

> 5の段のかけ算の文章題はかけら
れる数が「5」です。

P．50、51 九九⑤

☆ ① 3，4，12
② しき　3 × 4 = 12

1 ① 3，3，9
② 3 × 3 = 9

2 しき　　3 × 7 = 21

答え　21こ

3 しき　　3 × 6 = 18

答え　18L

4 しき　　3 × 8 = 24

答え　24m

> 3の段のかけ算です。3こずつ数
が増えていきます。

P．52、53　九九⑥

1　しき　　　$3 \times 5 = 15$

答え　15まい

2　しき　　　$3 \times 6 = 18$

答え　18ひき

3　しき　　　$3 \times 2 = 6$

答え　6こ

4　しき　　　$3 \times 4 = 12$

答え　12こ

5　しき　　　$3 \times 9 = 27$

答え　27本

6　① 9　② 3

③ 27　④ 24

⑤ 21

3の段のかけ算は、かけられる数が「3」です。

P．54、55　九九⑦

☆　① 4，3，12

② しき　$4 \times 3 = 12$

1　① 4，5，20

② $4 \times 5 = 20$

2　しき　　　$4 \times 4 = 16$

答え　16こ

3　しき　　　$4 \times 2 = 8$

答え　8L

4　しき　　　$4 \times 6 = 24$

答え　24m

4の段のかけ算です。4こずつ数が増えていきます。

P．56、57　九九⑧

1　しき　　　$4 \times 9 = 36$

答え　36本

2　しき　　　$4 \times 7 = 28$

答え　28まい

3　しき　　　$4 \times 6 = 24$

答え　24本

4　しき　　　$4 \times 8 = 32$

答え　32本

5　しき　　　$4 \times 5 = 20$

答え　20まい

6　① 12　② 28

③ 8　④ 4

⑤ 16

4の段のかけ算は、かけられる数が「4」になる問題です。

P．58、59　九九⑨

☆　① 6，3，18

② しき　$6 \times 3 = 18$

1　① 6，5，30

② $6 \times 5 = 30$

2　しき　　　$6 \times 6 = 36$

答え　36本

3　しき　　　$6 \times 4 = 24$

答え　24L

4　しき　　　$6 \times 7 = 42$

答え　42cm

6の段のかけ算です。6こずつ数が増えていきます。

P．60、61　九九⑩

1　しき　　　6 × 5 = 30

　　　　　　　　　　　　　　　答え　30こ

2　しき　　　6 × 2 = 12

　　　　　　　　　　　　　　　答え　12こ

3　しき　　　6 × 8 = 48

　　　　　　　　　　　　　　　答え　48本

4　しき　　　6 × 9 = 54

　　　　　　　　　　　　　　　答え　54本

5　しき　　　6 × 3 = 18

　　　　　　　　　　　　　　　答え　18人

6　①　36　　②　24

　　③　42　　④　6

　　⑤　30

> 6の段のかけ算は、かけられる数が「6」になります。5以上の九九は難しく感じるかもしれません。

P．62、63　九九⑪

☆　①　7，4，28

　　②　しき　7 × 4 = 28

1　①　7，5，35

　　②　7 × 5 = 35

2　しき　　　7 × 6 = 42

　　　　　　　　　　　　　　　答え　42こ

3　しき　　　7 × 8 = 56

　　　　　　　　　　　　　　　答え　56dL

4　しき　　　7 × 9 = 63

　　　　　　　　　　　　　　　答え　63m

> 7の段のかけ算です。7こずつ増えていきます。
> 九九の7の段は、苦手にしている人が多いところです。しっかり唱えて覚えましょう。

P．64、65　九九⑫

1　しき　　　7 × 6 = 42

　　　　　　　　　　　　　　　答え　42日間

2　しき　　　7 × 3 = 21

　　　　　　　　　　　　　　　答え　21人

3　しき　　　7 × 9 = 63

　　　　　　　　　　　　　　　答え　63cm

4　しき　　　7 × 5 = 35

　　　　　　　　　　　　　　　答え　35こ

5　しき　　　7 × 4 = 28

　　　　　　　　　　　　　　　答え　28L

6　①　49　　②　14

　　③　56　　④　42

　　⑤　7

> 1　1週間は7日です。6週間とは、1週間が6回あることです。かけられる数が1週間（7日）です。だから7 × 6と書きます。

P．66、67　九九⑬

☆　①　8，6，48

　　②　しき　8 × 6 = 48

1　①　8，3，24

　　②　8 × 3 = 24

2　しき　8 × 5 = 40

　　　　　　　　　　　　答え　40まい

3　しき　8 × 4 = 32

　　　　　　　　　　　　答え　32L

4　しき　8 × 7 = 56

　　　　　　　　　　　　答え　56cm

> 8の段のかけ算は8こずつ増えて
> いきます。

P．68、69　九九⑭

1　しき　8 × 6 = 48

　　　　　　　　　　　　答え　48まい

2　しき　8 × 4 = 32

　　　　　　　　　　　　答え　32本

3　しき　8 × 8 = 64

　　　　　　　　　　　　答え　64本

4　しき　8 × 2 = 16

　　　　　　　　　　　　答え　16本

5　しき　8 × 9 = 72

　　　　　　　　　　　　答え　72こ

6　①　64　　②　24

　　③　8　　④　56

　　⑤　40

P．70、71　九九⑮

☆　①　9，4，36

　　②　しき　9 × 4 = 36

1　①　9，3，27

　　②　9 × 3 = 27

2　しき　9 × 7 = 63

　　　　　　　　　　　　答え　63こ

3　しき　9 × 8 = 72

　　　　　　　　　　　　答え　72dL

4　しき　9 × 6 = 54

　　　　　　　　　　　　答え　54m

> 9の段のかけ算は9こずつ増えて
> いきます。

P．72、73　九九⑯

1　しき　9 × 4 = 36

　　　　　　　　　　　　答え　36人

2　しき　9 × 9 = 81

　　　　　　　　　　　　答え　81まい

3　しき　9 × 7 = 63

　　　　　　　　　　　　答え　63つぶ

4　しき　9 × 6 = 54

　　　　　　　　　　　　答え　54こ

5　しき　9 × 2 = 18

　　　　　　　　　　　　答え　18人

6　①　27　　②　45

　　③　9　　④　54

　　⑤　72

> 9の段は、大きな数になります。

P．74、75　九九⑰

☆　① 1，5，5

　② しき　$1 \times 5 = 5$

1　① 1，7，7

　② $1 \times 7 = 7$

2　しき　$1 \times 3 = 3$

答え　3びき

3　しき　$1 \times 6 = 6$

答え　6L

4　しき　$1 \times 4 = 4$

答え　4m

> 1の段のかけ算です。1こずつ増えていきます。

P．76、77　九九⑱

1　しき　$1 \times 8 = 8$

答え　8本

2　しき　$1 \times 9 = 9$

答え　9本

3　しき　$1 \times 6 = 6$

答え　6こ

4　しき　$1 \times 5 = 5$

答え　5たば

5　しき　$1 \times 7 = 7$

答え　7まい

6　① 3　② 1

　③ 4　④ 9

　⑤ 2

> 1のような問題で8×1としがちですが、かけられる数（さるのしっぽ）は1つなので、1×8と書きます。

P．78、79　九九の　れんしゅう①

☆　しき　$3 \times 4 = 12$

答え　12こ

1　しき　$4 \times 3 = 12$

答え　12こ

2　しき　$6 \times 2 = 12$

答え　12m

3　しき　$5 \times 3 = 15$

答え　15cm

4　しき　$6 \times 3 = 18$

答え　18cm

> いろいろな九九の問題です。これまで学習したことを思い出して解きましょう。大切なことは「かけられる数」「かける数」をしっかり押さえておくことです。
> ☆では4倍されるのは「リンゴの数」なので、3×4となります。

P．80、81　九九の　れんしゅう②

☆　しき　$6 \times 4 = 24$

答え　24こ

1　しき　$5 \times 7 = 35$

答え　35こ

2　しき　$7 \times 4 = 28$

答え　28まい

3　しき　$2 \times 3 = 6$

答え　6こ

4　しき　$5 \times 6 = 30$

答え　30dL

> ☆かけられる数＝1皿分（6個）なので、6×4となります。

P．82、83 九九の れんしゅう③

1 しき　　　$4 \times 6 = 24$

答え　24本

2 しき　　　$7 \times 5 = 35$

答え　35こ

3 しき　　　$6 \times 8 = 48$

答え　48まい

4 しき　　　$5 \times 4 = 20$

答え　20まい

5 しき　　　$4 \times 7 = 28$

答え　28さつ

6 ① 21　　② 30

③ 27　　④ 12

⑤ 32

　一人あたりの数がいくつになるか
考えて解きましょう。

P．84、85 九九の れんしゅう まとめ①

1 しき　　　$7 \times 3 = 21$

答え　21日間

2 しき　　　$5 \times 8 = 40$

答え　40円

3 しき　　　$6 \times 4 = 24$

答え　24cm

4 しき　　　$4 \times 8 = 32$

答え　32人

5 しき　　　$9 \times 6 = 54$

答え　54人

　かけられる数を探しましょう。1
は1週間（7日間）なので、7にな
ります。

P．86、87 九九の れんしゅう まとめ②

1 しき　　　$8 \times 6 = 48$

答え　48本

2 しき　　　$3 \times 6 = 18$

答え　18こ

3 しき　　　$6 \times 7 = 42$

答え　42m

4 しき　　　$7 \times 4 = 28$

答え　28cm

5 しき　　　$5 \times 6 = 30$

答え　30本

　2は箱の中のケーキの数が「かけ
られる数」になります。箱の数と間
違いやすいので注意しましょう。

P．88、89 九九の れんしゅう まとめ③

1 しき　　　$2 \times 4 = 8$

答え　8本

2 しき　　　$3 \times 7 = 21$

答え　21こ

3 しき　　　$5 \times 9 = 45$

答え　45こ

4 しき　　　$9 \times 3 = 27$

答え　27cm

5 しき　　　$6 \times 6 = 36$

答え　36本

P. 90、91　かけ算とたし算・ひき算①

☆　しき　　　$6 \times 8 = 48$

　　　　　　　$48 + 12 = 60$

　　　　　　　　　　　　答え　60こ

① しき　　　$6 \times 6 = 36$

　　　　　　　$36 + 15 = 51$

　　　　　　　　　　　　答え　51こ

② しき　　　$6 \times 5 = 30$

　　　　　　　$30 + 24 = 54$

　　　　　　　　　　　　答え　54本

③ しき　　　$6 \times 7 = 42$

　　　　　　　$42 + 35 = 77$

　　　　　　　　　　　　答え　77本

> かけ算とたし算のある問題です。
> 最初に、かけ算をする数を押さえることが大切になります。①なら（はこに入れた数）6×6 となります。

P. 92、93　かけ算とたし算・ひき算②

☆　しき　　　$7 \times 4 = 28$

　　　　　　　$28 + 25 = 53$

　　　　　　　　　　　　答え　53まい

① しき　　　$8 \times 6 = 48$

　　　　　　　$48 + 22 = 70$

　　　　　　　　　　　　答え　70まい

② しき　　　$6 \times 8 = 48$

　　　　　　　$48 + 36 = 84$

　　　　　　　　　　　　答え　84本

③ しき　　　$5 \times 7 = 35$

　　　　　　　$35 + 25 = 60$

　　　　　　　　　　　　答え　60本

P. 94、95　かけ算とたし算・ひき算③

☆　しき　　　$6 \times 4 = 24$

　　　　　　　$50 - 24 = 26$

　　　　　　　　　　　　答え　26こ

① しき　　　$6 \times 7 = 42$

　　　　　　　$50 - 42 = 8$

　　　　　　　　　　　　答え　8本

② しき　　　$6 \times 3 = 18$

　　　　　　　$40 - 18 = 22$

　　　　　　　　　　　　答え　22m

③ しき　　　$6 \times 8 = 48$

　　　　　　　$60 - 48 = 12$

　　　　　　　　　　　　答え　12本

> かけ算とひき算のある問題です。
> 最初にかけ算をする数を押さえることが大切です。

P. 96、97　かけ算とたし算・ひき算④

☆　しき　　　$7 \times 3 = 21$

　　　　　　　$48 - 21 = 27$

　　　　　　　　　　　　答え　27まい

① しき　　　$7 \times 3 = 21$

　　　　　　　$52 - 21 = 31$

　　　　　　　　　　　　答え　31まい

② しき　　　$8 \times 4 = 32$

　　　　　　　$50 - 32 = 18$

　　　　　　　　　　　　答え　18こ

③ しき　　　$4 \times 9 = 36$

　　　　　　　$62 - 36 = 26$

　　　　　　　　　　　　答え　26こ

P．98、99　かけ算とたし算・ひき算　まとめ

①　しき　　$4 \times 6 = 24$

　　　　　　　$24 + 7 = 31$

　　　　　　　　　　　答え　31まい

②　しき　　$5 \times 4 = 20$

　　　　　　　$20 + 13 = 33$

　　　　　　　　　　　答え　33びき

③　しき　　$5 \times 8 = 40$

　　　　　　　$52 - 40 = 12$

　　　　　　　　　　　答え　12こ

④　しき　　$6 \times 7 = 42$

　　　　　　　$61 - 42 = 19$

　　　　　　　　　　　答え　19本

P．100、101　かさ①

☆　しき　　$7\,dL + 5\,dL = 12\,dL$

　　　　　　　　　　　答え　12dL

①　しき　　$5\,dL + 9\,dL = 14\,dL$

　　　　　　　　　　　答え　14dL

②　しき　　$8\,L + 9\,L = 17\,L$

　　　　　　　　　　　答え　17L

③　しき　　$12\,L + 6\,L = 18\,L$

　　　　　　　　　　　答え　18L

④　しき　　$160\,mL + 120\,mL = 280\,mL$

　　　　　　　　　　　答え　280mL

> 「かさ」の単位には、主にmL、dL、Lがあります。dLはあまりなじみがありませんが、1L＝10dL、1dL＝100mLとなります。

P．102、103　かさ②

☆　しき　　$7\,dL + 5\,dL = 12\,dL$

　　　　　　　$12\,dL = 1\,L\,2\,dL$

　　　　　　　　　　　答え　1L2dL

①　しき　　$8\,dL + 6\,dL = 14\,dL$

　　　　　　　$14\,dL = 1\,L\,4\,dL$

　　　　　　　　　　　答え　1L4dL

②　しき　　$3\,L + 4\,dL = 3\,L\,4\,dL$

　　　　　　　　　　　答え　3L4dL

③　しき　　$1\,L\,5\,dL + 5\,dL = 2\,L$

　　　　　　　　　　　答え　2L

④　しき　　$1\,L\,3\,dL + 1\,L\,7\,dL = 3\,L$

　　　　　　　　　　　答え　3L

> かさのたし算です。②は、「何L何dLになりますか。」と聞かれているので、LとdLの単位に直して考えましょう。

P．104、105　かさ③

☆　しき　　$9\,dL - 5\,dL = 4\,dL$

　　　　　　　　　　　答え　4dL

①　しき　　$7\,dL - 2\,dL = 5\,dL$

　　　　　　　　　　　答え　5dL

②　しき　　$9\,L - 6\,L = 3\,L$

　　　　　　　　　　　答え　3L

③　しき　　$18\,L - 6\,L = 12\,L$

　　　　　　　　　　　答え　12L

④　しき　　$130\,mL - 70\,mL = 60\,mL$

　　　　　　　　　　　答え　60mL

> かさのひき算です。答えの単位を忘れずに書きましょう。

P. 106、107 　かさ④

☆　しき　　1 L 2 dL ＝ 12dL

　　　　　　　12dL － 4 dL ＝ 8 dL

　　　　　　　　　　　　　答え　　8 dL

1　しき　　1 L 4 dL ＝ 14dL

　　　　　　　14dL － 5 dL ＝ 9 dL

　　　　　　　　　　　　　答え　　9 dL

2　しき　　3 L － 5 dL ＝ 2 L 5 dL

　　　　　　　　　　　　　答え　　2 L 5 dL

3　しき　　2 L － 1 L 5 dL ＝ 5 dL

　　　　　　　　　　　　　答え　　5 dL

4　しき　　7 L 8 dL － 2 L 8 dL ＝ 5 L

　　　　　　　　　　　　　答え　　5 L

> 　単位が異なる場合は、単位をそろ
> えて考えます。☆ 1 L 2 dL を
> 12dL として計算すると、12dL －
> 4 dL となり 8 dL が出てきます。

P. 108、109 　かさ　まとめ

1　しき　　7 dL ＋ 6 dL ＝ 12dL

　　　　　　　　　　　　　答え　　12dL

2　しき　　1 L 2 dL ＋ 5 dL ＝ 1 L 7 dL

　　　　　　　　　　　　　答え　　1 L 7 dL

3　しき　　16dL － 5 dL ＝ 11dL

　　　　　　　　　　　　　答え　　11dL

4　しき　　1 L 5 dL ＝ 15dL

　　　　　　　15dL － 8 dL ＝ 7 dL

　　　　　　　　　　　　　答え　　7 dL

P. 110、111 　とけい①

☆　答え　30分

1　答え　50分

2　答え　20分

3　答え　30分

4　答え　40分

> 　時計の問題です。「時間」とは何
> 時から何時までかかったなどを表し、
> 「時刻」は何時何分かを表します。
> 　この問題は、「時間」を聞いてい
> るので、「○分」という答え方にな
> ります。「分」を表すのは長針が動
> いた数です。

P. 112、113 　とけい②

☆　答え　午前 8 時20分

1　答え　午前10時40分

2　答え　午後 3 時50分

3　答え　午後 3 時

4　答え　午後 4 時40分

> 　「時刻」を考える問題です。時刻
> は「何時何分」という答え方になり
> ます。時計の小さな目盛り 1 つが 1
> 分を表し、それが何目盛り進んだか
> （戻ったか）を考え、答えを書きま
> しょう。